# Vermehrung von Chamäleons

## Grundlagen • Anleitungen • Erfahrungen

von Günter Masurat

121 Farbfotos
 21 Zeichnungen und Diagramme

Titel, oben: *Furcifer lateralis*: Paarungsversuch (U. Dost).
unten links: *Chamaeleo dilepis:* Jungtier (U. Dost).
unten rechts: *Furcifer pardalis*: freigelegte Eier im
Eiablagebehälter.
Foto S. 1: *Chamaeleo calyptratus* (I. Kober).
Foto Inhalt: *Chamaeleo hoehnelii,* Nachzuchttier im
Alter von 6 Wochen (U. Dost).

Masurat, Günter

**Vermehrung von Chamäleons**

**Grundlagen, Anleitungen, Erfahrungen**

2005, Offenbach: Herpeton
ISBN 3–936180-06-7

© 2005 Herpeton, Verlag Elke Köhler, Offenbach
  Layout/Satz und Zeichnungen: Elke Köhler
  Fotos: Günter Masurat, wenn nicht anders
  angegeben

# Inhalt

## 8. Anhang

# 1. Einführung

Die Haltung von Chamäleons im Terrarium ist eine lange Reihe von Hoffnungen, Irrtümern, Fehlern, Erfolgen und unterschiedlichen Zielsetzungen. Im Gegensatz zur Haltung von anderen Terrarientieren, die im 18. Jahrhundert einsetzte, datieren erste Versuche mit Chamäleons in der Geschichte der Terraristik erst wesentlich später.

Am Beginn stehen die Bemühungen von JOHANN V. FISCHER, der etwa ab 1860 versuchte, neben anderen Reptilien auch *Chamaeleo chamaeleon* zu halten und dann, nachdem er 20 Jahre lang eigene Erfahrungen gesammelt hatte, diese 1884 in einem Handbuch veröffentlichte (v. FISCHER 1884). Etwa seit 1880 bot der Tierhandel Chamäleons an. Trotz der persönlichen Erfolge V. FISCHERS blieben aber diese bei anderen Pflegern aus, die Tiere verstarben in der Regel nach kurzer Zeit und das Interesse an der Haltung von Chamäleons ließ nach.

Erst zu Beginn des 20. Jahrhunderts sind in der Literatur vermehrt Berichte über einen neuen Anlauf zu verzeichnen. Viele neue Arten wurden beschrieben, der Handel erweiterte sein Angebot. Erste Haltungserfolge stellten sich ein, auch deshalb, weil man begann, die Klima- und Umweltbedingungen der Herkunftsorte zu berücksichtigen. In der Literatur finden sich die Namen FRANK, TOFOHR, FAHR, ZERNECKE, v. KAMMERER. Der 1. Weltkrieg beendete dann jedoch jäh diese Bemühungen.

Ein erfolgreicher Neubeginn setzte ab den 20er Jahren ein, verbunden mit den Namen LANTZ, KREFFT, FLOERICKE, KLINGELHÖFFER. Bis zu 20 Arten wurden zur Haltung empfohlen. Es galt aber immer noch „als bemerkenswerte Leistung, ein Chamäleon tadellos durch den Winter zu bringen und es länger als ein Jahr am Leben zu erhalten" (FLOERICKE 1927). Auch diese Entwicklung wurde jedoch bald unterbrochen, dieses Mal durch den 2. Weltkrieg.

Ab etwa 1950 kam es dann zu einer rasanten Entwicklung, bedingt durch den wirtschaftlichen Aufschwung, die Entwicklung der Technik, die Ausdehnung des Handels und durch eine verstärkte Reisetätigkeit. Ältere Bücher wurden neu aufgelegt, neue erschienen. Hier ist insbesondere das von NIETZKE (1969) zu erwähnen. Viele Terrarianer erlagen der Faszination, Chamäleons zu halten, manche hatten auch eine glückliche Hand, doch noch immer blieben die Tiere „selten länger als ein paar Monate bis höchstens ein Jahr am Leben" (CORNELISSEN 1970).

Eine völlig neue Qualität ergab sich erst Ende der 70er Jahre. Bis zu diesem Zeitpunkt war die Haltung der Tiere über einen möglichst langen Zeitraum Ziel der Bemühungen. Eine Vermehrung gelang nicht. Man beobachtete manchmal Kopulationen, auch hin und wieder Eiablagen oder Würfe bereits trächtig gefangener Weibchen. Eier oder Jungtiere starben aber meist früher oder später ab. In dieser Richtung war eine Neuorientierung erforderlich. Was mit anderen Echsen bereits möglich war, also eine Vermehrung im Terrarium gehaltener Tiere, sogar über mehrere Generationen, sollte auch für Chamäleons angestrebt werden. Dass aber eine schematische Übertragung der Erfahrungen mit anderen Terrarientieren nicht erfolgreich sein konnte, wurde bald deutlich. Eine systematische Erfassung der Herkünfte, Biotope, Habitate, des Klimas und vor allem des Mikroklimas sowie der artspezifischen Lebensabläufe war erforderlich. Vorliegende wissenschaftliche Untersuchungen zur Ökologie, Sinnesphysiologie und Fortpflanzungsbiologie mussten ausgewertet werden. Nach einigen ersten Erfolgsberichten in dieser Richtung gelang dann zwei naturwissenschaftlich vorgebildeten Terrarianern der Durchbruch: SCHUSTER konnte 1980 und BECH 1982 über die Haltung von *Chamaeleo jacksonii* über mehrere Jahre und Vermehrung bis zur 2. Generation

berichten. Damit schien der Bann gebrochen zu sein. In den Folgejahren erschienen nicht nur immer mehr Berichte über langfristige Haltungen von immer mehr Arten, sondern auch solche über geglückte Erstnachzuchten. Inzwischen konnten etwa 40 Arten (s. Nachzuchtdokumentation, S. 91) von den 133 beschriebenen validen Arten einbezogen werden. Dieser erreichte Stand ließ es angebracht erscheinen, darüber eine gesonderte Publikation zu erarbeiten.

In 140 Jahren Chamäleonhaltung im Terrarium (MASURAT 2000) hat sich ein beachtlicher Wandel vollzogen. Er legt Zeugnis ab von dem Vermögen der Terrarianer, die sich ernsthaft und mit Ausdauer mit diesem Zweig der Tierhaltung im Heim befassen.

Abb. 1. *Chamaeleo calyptratus* im Alter von 3 Wochen.　　　　　　　Foto: I. Kober

# 2. Haltungsgrundsätze

Dieses Buch soll keine grundlegende Anleitung zur Haltung von Chamäleons im Terrarium sein. Dafür gibt es genügend andere Veröffentlichungen (HENKEL & HEINECKE 1995, SCHMIDT et al. 1996, NEČAS 1999, DOST 2001 u.a.) Vielmehr wurde versucht, alle Erfahrungen und Aussagen zusammen zu tragen, die ausschließlich für das Thema Vermehrung im Terrarium von Bedeutung sind.

Es wäre auch fast unmöglich, in Kürze allgemein zutreffende Aussagen über die Haltung von Chamäleons im Terrarium zu treffen. Das Wissen über möglichst optimale Haltungsbedingungen im Terrarium sowie über die Vermehrung im Terrarium setzt zusätzlich eine möglichst umfassende Kenntnis über das Verhalten der Tiere unter natürlichen Bedingungen voraus. Obwohl fast ausschließlich nur auf einem Kontinent beheimatet, gibt es nicht *das* Chamäleon und demzufolge auch nicht *die* Haltung. Die Habitate weisen eine außerordentliche Vielfalt auf.

Die verschiedenen Arten leben:
- im Äquatorialgebiet mit tropischem Klima,
- in den Subtropen,
- in gemäßigten Klimabereichen (Mittelmeer, Küste Südafrikas),
- auf dem afrikanischen Festland,
- in Nahost (Israel, Arabien) und Asien (Indien),
- in Südeuropa (Spanien, Griechenland),
- auf Inseln (im Mittelmeer, auf Mada-

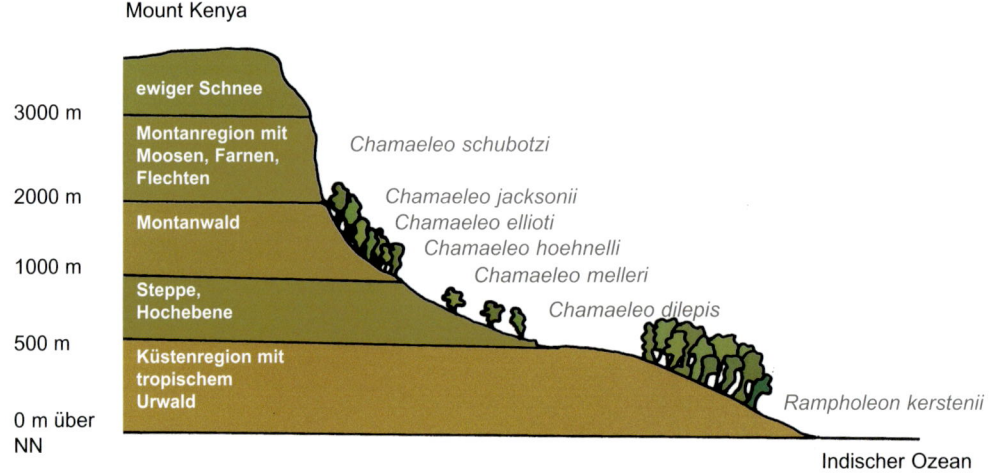

Abb. 2. Lebensräume und Höhenanpassung einiger Chamäleon-Arten in Ostafrika, schematisiert (verändert nach HENKEL & HEINECKE 1995).

gaskar, Sri Lanka u.a.),

- in Wäldern (Regen-, Nebel-, Monsun-, Trockenwald),
- im Kronenbereich der Bäume (mit verstärkter Luftbewegung),
- in der Strauchvegetation,
- im Gras,
- am Boden (ohne Luftbewegung),
- in Wüsten und den unterschiedlichen Savannentypen,
- im Landesinnern wie im Küstenbereich mit unterschiedlicher Luftfeuchte,
- in der Ebene,
- im Gebirge (bis über 2000 m mit starkem Temperaturwechsel),
- in sehr großen Verbreitungsgebieten (mit hoher Anpassungsfähigkeit),
- in sehr kleinen Verbreitungsgebieten (mit spezifischen Bedürfnissen),
- als Kulturfolger (in Plantagen, Gärten, Parks).

Diese Aufzählung verdeutlicht, welche unterschiedlichen Voraussetzungen der Terrarianer schaffen muss, wenn er eine bestimmte Chamäleonart über eine längere Zeit erfolgreich halten und

Abb. 3. Sukkulenten-Dornbusch, SW-Madagaskar, Fundort von *Furcifer verrucosus*, bei 49,1 °C direkter Strahlungswärme.

Foto: A. Gutsche

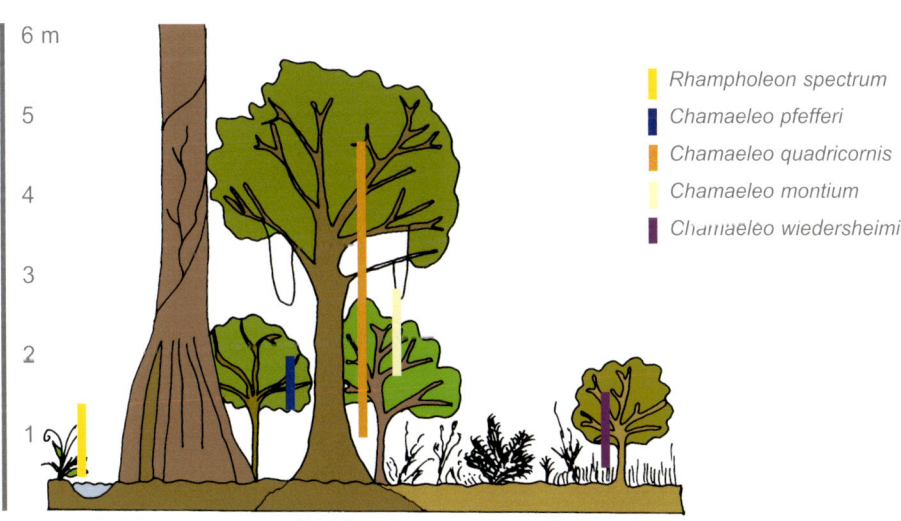

Rhampholeon spectrum
Chamaeleo pfefferi
Chamaeleo quadricornis
Chamaeleo montium
Chamaeleo wiedersheimi

Wald    Waldrand    Grasland

Abb. 4. Habitatprofil eines Montan-Regenwaldes in Kamerun mit Aufenthaltsbereichen sympatrischer Chamäleon-Arten, schematisiert (verändert nach EUSKIRCHEN et al. 2000).

Abb. 5. Terrarium im Wohnzimmer für Haltung und Vermehrung von *Chamaeleo jacksonii xantholophus* (ausgebautes Blumenfenster, 1,30 x 0,75 x 1,55 m).

(z.B. Quarantäne, Eiablagen) zusätzliche Behältnisse vorzusehen.

Die **Größe** des Terrariums ist von der Größe und Anzahl der aufzunehmenden Tiere abhängig. Für Breite und Tiefe sind je Einzeltier die drei- bis vierfache Kopf-Rumpf-Länge, für die Höhe das Sechsfache als **Mindestmaß** angemessen.

Daraus ergeben sich etwa folgende Terrarienmaße:
- für kleine Arten (z.B. *Bradypodion* sp. *Furcifer campani*): Grundfläche 30 x 40 cm, Höhe 60 cm;
- für mittelgroße Arten (z.B. *Calumma brevicornis, Chamaeleo dilepis, Ch. quadricornis*): Grundfläche 60 x 80 cm, Höhe 120 cm;
- für große Arten (z.B. *Calumma parsonii, Chamaeleo melleri, Furcifer oustaleti*): Grundfläche 90 x 120 cm, Höhe 180 cm.

schließlich zur Fortpflanzung bringen will, einschließlich der Jungtieraufzucht bis hin zur Geschlechtsreife. Es wird aber auch deutlich, dass in diesem Abschnitt über Haltungsgrundsätze nur wenige allgemein gültige Aussagen geeignet sind, dem Thema Vermehrung vorangestellt zu werden. Dazu gehören vorrangig folgende:

Die **Anzahl der Terrarien** richtet sich danach, wie viele Elterntiere man halten will, ob diese zeitweilig oder ständig isoliert zu halten sind, wie viele Jungtiere zu erwarten sind und in welcher zeitlichen Folge. Wird eine Vermehrung ernsthaft angestrebt, kann sich die Anzahl der benötigten Behälter schnell erhöhen. Auch sind für spezielle Zwecke

Die größere Höhe ist wegen der kletternden Lebensweise erforderlich. Man kann dem auch zusätzlich Rechnung tragen, indem man die Behälter möglichst hoch, z.B. auf Schränken, positioniert. Dem natürlichen Blick der Tiere in die Weite und nach unten wird dadurch besser entsprochen. Adulten Tieren, besonders bei Gemeinschaftshaltung, sollte man größere Behälter bieten. Für bodenbewohnende Arten (*Brookesia sp.*) ist eine größere Bodenfläche wichtig, als Höhe reicht das Dreifache der Kopf-Rumpf-Länge.

Auf das Gutachten über Mindestanforderungen an die Haltung von Reptilien (BMLEF 1998) sei verwiesen. Es enthält jedoch Mindestanforderungen! Größere Behälter wirken sich immer positiv aus, besonders wenn Paare gehalten werden und deren Verhalten beobachtet werden soll.

Bezüglich der **Einrichtung** der Terrarien gehen die Auffassungen weit auseinander. Einigkeit besteht darin, dass kletternde Arten in ausreichender Menge Zweig- bzw. Astwerk benötigen. Zu beachten ist, dass der Durchmesser der Zweige dem Greifvermögen der Füße angepasst ist, nur dann ist ein sicheres Klettern möglich.

Ob ein **Bodengrund** eingebracht wird, ist für kletternde Arten nicht von Belang. Eine Lage Papier erfüllt alle hygienischen Anforderungen, besonders

Abb. 6. Mobiles Terrarium für Wohnung und Terrasse (0,60 x 0,60 x 1,00 m).

in Quarantänebecken. Eine leichte Reinigung ist so möglich, ästhetische und natürliche Ansprüche werden jedoch nicht erfüllt. Eine Schüttung Torf empfiehlt sich nicht, da bei der Futteraufnahme leicht Fasern mit aufgenommen werden könnten, die zu Verdauungsbeschwerden führen. Bei Rindenmulch besteht die Gefahr, dass sich darin nicht gefressene Futtertiere verkriechen, die nachts während der Ruhephase der Chamäleons diese und besonders Jungtiere anfressen könnten. Bewährt hat sich das Einbringen einer dünnen Schicht lehmhaltigen Sandes. Durch Anfeuchten verfestigt sich die Schicht und gibt anschließend ihre Feuchte an die Luft ab. Sie kann im trockenen Zustand durch Pinseln oder Absaugen des getrockneten Kotes leicht gereinigt werden. Bodenbewohnende Arten brauchen ein lockeres Bodensubstrat (Erde, Moos), teilweise mit natürlichen Auflagen (Blätter, Rinde, Steine).

Es ist nicht erforderlich, bei der Wahl des Bodengrundes bereits von Anfang an seine Eignung als Eiablageplatz zu berücksichtigen. Hierzu sind gesonderte Überlegungen anzustellen und Maßnahmen zum erforderlichen Zeitpunkt zu treffen (siehe 3.5 Eiablage).

Über **Pflanzen** im Terrarium gibt es abweichende Auffassungen. Will man nur ästhetische Bedürfnisse befriedigen, genügen Kunstpflanzen. Für die eingesetzten Tiere bieten jedoch lebende Pflanzen Vorteile. Sie erhöhen die Luftfeuchte. Pflanzen, an denen das Sprühwasser nicht sofort wieder abläuft, sondern als Tropfen haften bleibt (*Tradescantia* sp., Bromelien), sind für das Trinken von Vorteil. Rankende Arten (*Philodendron* sp., *Rhaphidophora* sp.,

*Scindapsus* sp., *Tradescantia* sp.) durchwachsen das Zweigwerk und tragen zum Sichtschutz bei, was besonders bei Gemeinschaftshaltung wichtig ist. Von getopften Bodenpflanzen sind grasartige, wie z.B. *Pogonatherum paniceum*, von Bedeutung, z.B. für *Furcifer campani* als Bodenbewohner. Viele sukkulente Pflanzen (*Bryophyllum* sp., *Crassula* sp., *Kalanchoe* sp.) dienen Arten wie *Chamaeleo calyptratus* als zusätzliche wasserhaltige Nahrungsquelle.

Ob die **Seitenwände**, die in der Regel verglast sind, verkleidet werden, hängt von der Anzahl der Behälter im Terrarienraum ab. Ein Sichtschutz ist erforderlich, weil die meisten Arten sonst durch Blickkontakt unnötig gestresst werden. Das gilt auch für die als Tür oder Klappe dienende Vorderseite, deshalb sollten die Terrarien nicht an zwei sich gegenüberliegenden Wänden aufgestellt werden. Die Rückwand wird meist mit Kork oder ähnlichen Materialien und Pflanzen gestaltet, um den Anblick zu verschönern.

Das **Licht** ist ein wesentlicher Faktor für das Wohlbefinden und alle Aktivitäten der Chamäleons, einschließlich der Fortpflanzung.

Es wirkt als Licht- und Wärmequelle. Das wird besonders deutlich, wenn die Tiere dem direkten Sonnenlicht ausgesetzt werden, d.h. wenn sie in speziellen Freilandgehegen untergebracht sind. Die Zimmerterrarien selbst den Sonnenstrahlen auszusetzen, wird sich meist aus räumlichen Gründen verbieten, außerdem ist bei verglasten Terrarien die Gefahr der Überhitzung zu groß.

Die Verwendung von **Kunstlicht** ist deshalb nicht zu umgehen. Bei der Auswahl der Lichtquellen ist es erforderlich, sich bezüglich der physikalisch-technischen Parameter am Sonnenlicht zu orientieren. Das gilt für ein weitgehend kontinuierliches Emissionsspektrum im Bereich des sichtbaren Lichts etwa zwischen 400 und 800 nm wie für eine Farbtemperatur von etwa 6500 K. Daraus resultiert als erstes, dass die im Haushalt üblichen Glühlampen völlig ungeeignet sind. Der traurige Anblick einer in einem umgekehrten Blumentopf montierten Glühlampe gehört wohl endgültig der Vergangenheit an. Der Handel bietet heutzutage ein weitgefächertes Produktionsprogramm für die Terraristik geeigneter Beleuchtungskörper an. In der Regel wird man mit einem Lampentyp nicht auskommen. Um sowohl dem Lichtbedarf (einschließlich UV-Strahlung) wie auch dem Wärmeanspruch der Chamäleons gerecht zu werden, empfiehlt sich eine Kombination verschiedener Lichtquellen.

Erste Voraussetzung ist eine **allgemeine Ausleuchtung** des gesamten Terrariums. Das wird erreicht mit einer möglichst flächendeckenden Anbringung von Leuchtstofflampen oberhalb des Terrariums, möglichst über die gesamte Breite und Tiefe und einem Abstand von Röhre zu Röhre von etwa 10 cm. Moderne Leuchtstofflampen weisen heute die erforderliche Farbtemperatur von 6500 K und ein Bandspektrum von 425 bis 700 nm auf, spezielle auch eines für den UV-B-Bereich (290 bis 320 nm), und entsprechen damit weitgehend dem Sonnenlicht. 58-Watt-Röhren (1,50 m lang) sind aus physikalischen und ökonomischen Gründen den kürzeren

Ausführungen vorzuziehen. Sind die einzelnen Terrarien schmaler (z.B. Jungtierbehälter), können entsprechend mehrere gemeinsam beleuchtet werden. Dass die Oberseite der Terrarien nur mit einem UV-durchlässigen Material (also etwa Drahtgaze, keinesfalls mit Glas) abgedeckt werden darf, versteht sich von selbst.

Der Umstand, dass die Beleuchtungsstärke mit zunehmendem Abstand von der Lichtquelle stark abnimmt, und zwar bei Verdoppelung des Abstandes nicht nur auf die Hälfte, sondern auf ein Viertel, also recht beachtlich, kann bei der Chamäleon-Haltung vernachlässigt werden, da sich die Tiere ohnehin fast

ausschließlich im Geäst im oberen Bereich aufhalten, also im geringen Abstand von den Lampen. Der Lichtbedarf der bodenbewohnenden Arten ist, bis auf *Chamaeleo namaquensis,* ohnehin wesentlich geringer.

Die Einschaltdauer der Lampen sollte sich auch im Winter nach der Tageslänge am Äquator richten, also 12 h betragen. Wer sich die technischen Voraussetzungen schaffen kann und die genaue Herkunft seiner Tiere kennt, kann die Einschaltdauer nach der geografischen Breite einstellen. Die Abweichungen sind mit zunehmender Entfernung vom Äquator deutlich (Abb. 7 und 8). Dabei ist nicht von Bedeutung, ob die

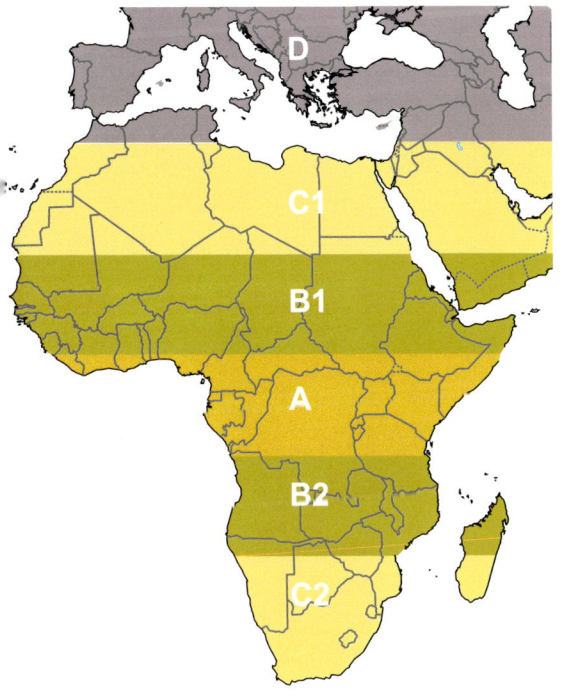

Abb. 7. **Tageslängen** in h/d (= astronomisch mögliche Sonnenscheindauer) in den unterschiedlichen geografischen Breiten Afrikas nördlich und südlich des Äquators mit Darstellung der Staatsgrenzen:

• Zone D zwischen 15 im Juni und 10 im Dezember
• Zone C1 zwischen 14 im Juni und 10,5 im Dezember
• Zone B1 zwischen 13 im Juni und 11,5 im Dezember
• Zone A ganzjährig 12
• Zone B2 zwischen 12,5 im Dezember und 11,5 im Juni
• Zone C2 zwischen 13,5 im Dezember und 10,5 im Juni

Die tatsächliche **Sonnenscheindauer** eines Tages (wolkenlose Zeit) liegt je nach dem örtlichen Klima niedriger:

• in den subtropischen Trockengebieten um etwa 10 %,
• in äquatorialen Regengebieten bis 70 %,
• in Mitteleuropa zwischen 50 % (Sommer) bzw. 80 % (Winter)

Einschaltzeit früher oder später beginnt oder endet, sie kann auf die Betreuungszeit durch den Pfleger abgestimmt werden. Diese Verschiebung gelingt aber nur dann, wenn kein natürliches Tageslicht in die Terrarien einfällt. Ist dies der Fall, orientieren sich die Chamäleons an diesem unabhängig vom Ein- und Ausschalttermin des Kunstlichts. Der eingestellte oder natürliche Tag-Nacht-Rhythmus des Lichts funktioniert als zeitlicher Taktgeber für die endogene Periodik der Lebensabläufe.

Wichtig ist, in der bei uns dunkleren Jahreszeit mit seinen kurzen Tageslängen ein plötzliches Ausschalten der gesamten Beleuchtung zu vermeiden. Chamäleons suchen zur Dämmerung feste Schlafplätze auf und verharren ziemlich hilflos am jeweiligen Platz, wenn es schlagartig dunkel wird. Eine künstliche Dämmerung ist durch motorische oder elektronische Dimmer oder durch stufenweises Abschalten der einzelnen Lampen zu erzielen. Sie kann je

nach Herkunft der Tiere schneller (Äquator) oder langsamer erfolgen.

Wenig Aufmerksamkeit wird in der Praxis meist dem Alterungsprozess der Lampen gewidmet. Die werksseitig angegebenen Leistungsparameter gehen im Gebrauch kontinuierlich zurück auf Werte, die dem hier angestrebten biologischen Zweck bald nicht mehr gerecht werden. Ein regelmäßiger Ersatz der Lampen, häufig schon nach 12 Monaten oder weniger, ist nicht zu umgehen.

Grundsätzliche und vertiefende Ausführungen und Literaturangaben zu diesem Thema siehe HORN (2003).

Zusammen mit dem Licht kommt der Temperatur eine wesentliche Bedeutung zu. Zwar ist die Adaptationsfähigkeit der Chamäleons an tiefere Temperaturen (z.T. kurzzeitig bis in den Frostbereich, z.B. *Chamaeleo hoehnelii, Ch. schubotzi*) bei einigen Arten recht groß, es empfiehlt sich jedoch, die artspezifischen optimalen Bereiche einzuhalten. Sie liegen tags-

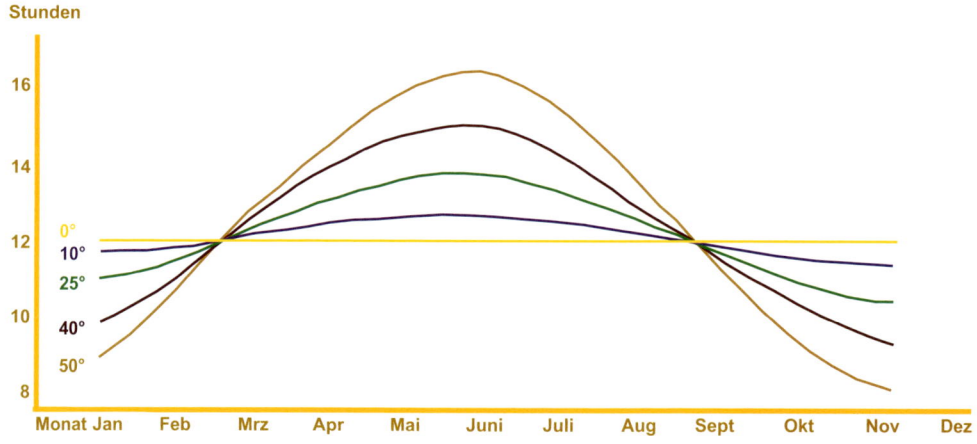

Abb. 8. Jahresverlauf der mittleren monatlichen Sonnenscheindauer in verschiedenen nördlichen geografischen Breiten (nach BECH & KADEN 1990).

über (stark verallgemeinert) zwischen 18 und 28 °C, nachts bei 15 bis 20 °C (in Montanbereichen besonders nachts z.T. wesentlich darunter) – die in der speziellen Literatur angegebenen Temperaturbereiche sollte man kennen und beachten.

Zeitweilig etwas niedrigere Temperaturen werden vielfach leichter toleriert als zu hohe. In einigen Fällen sind sich negativ auswirkende niedrigere Temperaturen bekannt geworden. So wirken länger anhaltende Temperaturen unter 20 °C auf *Furcifer pardalis* stoffwechselstörend, unter 12 °C letal.

Bei Montanarten, z.B. *Chamaeleo jacksonii*, wirken dagegen Überhitzungen ab 30 °C in kurzer Zeit tödlich. Diese Temperaturen werden in kleineren Behältern unter Sonnenlichteinfall schnell erreicht, aber auch in Freilandgehegen in voller Sonne ohne Schattenplätze.

Bei der **Zuführung von Wärme** sind einige Grundsätze zu beachten. Die Erwärmung von unten (durch Heizmatten, -schlangen, -steine) ist unnötig und kann unterbleiben. Nur bei der Haltung der wenigen bodenlebenden Arten, für Eiablagestellen, bei Aufstellung der Terrarien in besonders kühlen Räumen (Keller) sowie zur Erhöhung der Luftfeuchte (siehe folgender Abschnitt) sind gesonderte Überlegungen anzustellen. Eine allgemeine Lufterwärmung anzustreben ist unzweckmäßig, weil nur für wenige Arten diese Wärme nutzbar ist. Chamäleons bedürfen in der Regel der **Wärmezuführung durch Strahlung**, wie sie durch das Sonnenlicht entsteht. Zusätzlich zu der allgemeinen Beleuchtung durch Leuchtstoffröhren (siehe vorstehender Abschnitt), die ja fast keine Strahlungswärme abgeben, sind deshalb spezielle Strahler nötig. Der Handel bietet Strahler in verschiedenster Ausführung an (Reflektorglühlampen, Halogenlampen, Xenon-

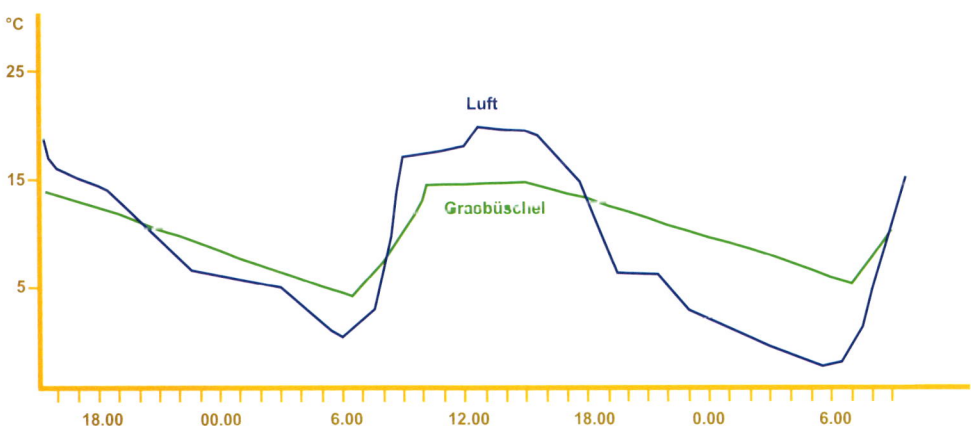

Abb. 9. Beispiel für die Umkehrung der Temperaturbedingungen zwischen Tag und Nacht in der Luft und innerhalb der Grasvegetation, gemessen in Aberdare, Kenia (nach HEBRARD et al. 1982).

**13**

bzw. Halogen-Metalldampflampen), mit unterschiedlichen technischen Parametern (Stromstärken in Volt, Leistungen in Watt, Abstrahlungswinkel) und daraus resultierend spezieller Lichtzusammensetzung (sichtbares Licht, UV- und Infrarotanteil). Je nach Behältergröße sind die Leistung der Strahler, der Streuwinkel (nicht kleiner als 40°, um punktförmige heiße Stellen zu vermeiden) und der mögliche Abstand von den Tieren genau auszumessen, um Überhitzungen und Verbrennungen auszuschließen.

Es sind wärmere und kühlere Bereiche zu schaffen, um den Tieren das Aufsuchen geeigneter Orte zu ermöglichen. Ob sie das tun, ist jedoch nicht immer sicher. Unsere *Furcifer oustaleti* suchten im Freigehege bei zu hohen Temperaturen immer den kühlen Bodenbereich auf, während sich dagegen *Chamaeleo jacksonii xantholophus* bei zunehmender Erwärmung immer weiter nach oben bewegten – vielleicht eine Anpassung an die gänzlich anders gearteten Lebensräume und die kühlende Luftbewegung Je nach Art sind weiterhin gleiche (z.B. für Regenwaldtiere) oder unterschiedliche (für Montanbewohner) Tages- und Nachttemperaturen zu schaffen. Die Absenkung der Temperaturen nachts ist meist technisch schwieriger als die Erwärmung. Nach stärkerer Nachtabsenkung ist die Möglichkeit für ein verstärktes Hochheizen der Körpertemperaturen in den Vormittagsstunden wichtig. Für manche Arten ist schließlich auch eine jahreszeitliche Temperaturdifferenz (Sommer/Winter oder Trocken-/Regenzeit) erforderlich, um Ruhezeiten zu ermöglichen, die die Fortpflanzung stimulieren. Die Kenntnisse über die artspezifischen Bedürfnisse muss sich

jeder Terrarianer durch Literaturstudien aneignen.

> Die Verwendung reiner Infrarotstrahler verbietet sich, weil für Reptilien Wärmestrahlung immer mit Lichtstrahlung verbunden ist. Fehlt diese Gleichzeitigkeit, kommt es zu Irritationen.

Eine zumindest zeitweise ausreichende **Luftfeuchte** ist lebensnotwendig, zumal sie in unseren Wohnräumen meist sehr niedrig ist. Das ist besonders bei Regenwaldtieren sowie Tieren aus Küstenregionen (einige *Bradypodion*-Arten), aber auch für das Wüstenchamäleon (*Chamaeleon namaquensis*) wichtig. Zu erreichen ist sie durch regelmäßiges Sprühen in den Abend- und Morgenstunden bei gleichzeitiger guter Belüftung. Wenn auch die Wirkung nicht allzu lange anhält, ist eine übermäßige Wiederholung der Sprühgaben zu vermeiden, weil eine ständig hohe Luftfeuchte Infektionskrankheiten begünstigen kann. Die Aussage, Chamäleons würden am Körper kein Sprühwasser vertragen, trifft nur auf zu kaltes Sprühwasser zu. Auf ca. 38 °C erwärmtes Wasser kühlt sich beim Sprühen leicht ab, wird vertragen und auch getrunken. Eine gleichmäßig leichte Erhöhung durch vom Boden aufsteigende Luftfeuchte ist auch zu erzielen, wenn der Terrarienboden mit einer Schicht aus lehmigen Sand bedeckt ist und für diesen Fall eine milde Bodenheizung eingebaut ist und kurzzeitig eingeschaltet wird. Eigene Erfahrungen belegen, dass man den optimalen Wasserhaushalt einiger Chamäleon-Arten auch durch häufigeres Tränken mit Pipette oder Tropftränke erzielen und damit auf eine besonders hohe Luftfeuchte verzichten kann.

Temperatur und Luftfeuchte im Terrarium stehen in enger Korrelation zur **Lüftung**. Diese hat absoluten Vorrang, da in stickigen Behältern mit stehender Luft (Glasterrarien) kein Chamäleon lange überdauern kann. Mindestens durch Loch- oder Gazestreifen an gegenüberliegenden Seiten sowie in der Oberseite ist für eine ständige Querlüftung zu sorgen. Besser ist, zwei gegenüberliegende Behälterseiten gänzlich aus Gaze zu fertigen. Die Lüftung kann für Bodenbewohner geringer sein als für Bewohner der Strauch- und Baumregionen. Von Fall zu Fall ist zu entscheiden, ob mit einem langsam laufenden Ventilator nachgeholfen werden muss. Als Faustregel gilt, dass Sprühtropfen nach etwa 1 h verdunstet sein sollen, in Regenwaldterrarien etwas später.

Die **Automatisierung** vorgenannter Faktoren erleichtert die Pflege. Sie schafft die notwendige Sicherheit der Abfolge und entlastet von Routinearbeiten. Der Handel bietet in ausreichendem Umfang die technischen Voraussetzungen an, zum anderen ist das handwerkliche Geschick des Terrarianers gefordert. Automatische Abläufe haben dort ihre Grenzen, wo individuelles Eingehen auf spezifische Ansprüche der Tiere erforderlich ist So verbietet sich z.B. ein automatisches Sprühen während der Häutungsphase.

Abb. 10. *Brookesia thieli*: Männchen beim Schuss auf ein Futtertier.          Foto: U. Dost

Die **Ernährung** ist die Grundlage für die Gesundheit und muss daher so vielseitig wie möglich gestaltet werden. Zum **Futterspektrum** gehören alle Arthropoden (Insekten, Spinnen, Asseln), Nackt- und Gehäuseschnecken, Wirbeltiere. Die Futtertiere liefern, wenn die Voraussetzungen stimmen, alle notwendigen Nähr- und Wirkstoffe. Um die Vielseitigkeit zu erreichen, ist so oft wie möglich zwischen den Futtertiergruppen und –arten zu wechseln. Berücksichtigt werden dürfen nicht nur die Standardangebote wie etwa Fruchtfliegen, Wachsmaden, Zweifleckgrillen, Wanderheuschrecken und Mehlwürmer. Die ganze Palette umfasst meist mehrere Arten von Fliegen, Kleinschmetterlingen, Spinnern und Motten, Höhlen-, Kurzflügel- und Bananengrillen, die Vielzahl von Heuschrecken von der Wiese, Schabenarten (auch grüne), Schwarz- und Rosenkäfer - in allen Fällen Imagines wie auch

Larven – alle Altersstadien von Spinnen, Asseln und Schnecken. Die Futtertiere können aus dem Freiland sein, aus eigenen Futterzuchten stammen oder vom Handel bezogen werden.

Nicht jedem Terrarianer ist es möglich, Futtertiere selbst zu fangen. Wer alle vom Handel erworbenen Futtertiere sofort aus der Dose verfüttert, bedenkt nicht, dass diese vor allem durch die Bevorratung von geringer Nährsubstanz sind. Das gilt auch für frisch geschlüpfte Fliegen.

Daher kommt einer beliebig langen Zwischenhälterung zu Hause größte Bedeutung zu. Bei dieser erhalten die Futtertiere unterschiedlichstes Grünzeug aus dem Haushalt oder vom Freiland: Blatt- und Wurzelgemüse, Obst, auch Brennnesseln, Blütenpollen, überstäubt mit Zusatzstoffen (siehe S. 17), alles im Wechsel. Versorgt man damit die Futtertiere schließlich letztmalig ca. eine Stunde vor dem Verfüttern erreicht man, dass die Chamäleons halb- oder unverdaute vegetarische Stoffe, einschließlich verschiedener Inhaltsstoffe, verwerten können, wie es im Freiland auch geschieht.

Futtertiere müssen sich bewegen, also noch leben. Nur eingewöhnte adulte Tiere erkennen z.T. auch tote Beutetiere, zumindest von der Pinzette.

Es ist wichtig, das möglichst unterschiedliche Futter vom ersten Lebenstag an anzubieten. Es kann sonst zu einer zu einseitigen Prägung auf eine Futtertierart kommen, was u.U. später zu Schwierigkeiten führen könnte, z.B. zur zeitweisen Futterverweigerung.

Chamäleons bevorzugen abwechslungsreiche Nahrung. Wichtig ist auch, Futtertiere unterschiedlicher Größe vorrätig zu haben. Besonders Jungtiere kleiner Arten (*Brookesia* sp.*, Furcifer campani* u.a.), aber auch andere, benötigen Kleinstfutter wie z.B. Collembolen-Arten, ganz junge Asseln, Blattläuse und die kleinbleibenden *Drosophila melanogaster*. Auch ältere Chamäleons und adulte Tiere fressen jedoch kleinere Beutetiere, wie man aus Freilandbeobachtungen schließen kann. Jungtiere sind ständig auf Futtersuche, dem entspricht das **tägliche** Füttern. Es ist besser, täglich eine kleinere Menge anzubieten als in größeren Intervallen mehr und größere Futtertiere. Mit zunehmendem Alter sind die Intervalle zu vergrößern, um eine Verfettung mit allen negativen Folgen zu vermeiden.

Einige Chamäleon- Arten *(Bradypodion pumilum, B. thamnobates, Calumma brevicornis, Chamaeleo calyptratus, Ch, chamaeleon, Ch. jacksonii, Ch. namaquensis, Furcifer lateralis, F. pardalis, F. oustaleti* u.a.) nehmen auch direkt **pflanzliche Nahrung** in Form von Früchten, gekochten Karotten, Süßkartoffeln, Blüten und sukkulenten Blättern auf und verringern vermutlich damit ihr Trinkbedürfnis.

Eine regelmäßige **Wasseraufnahme** durch Trinken ist für alle Chamäleons von größter Wichtigkeit, insbesondere für Jungtiere. Weibchen benötigen unmittelbar nach der Eiablage besonders viel Wasser, um zu regenerieren. Der Wassergehalt der Futtertiere allein genügt nicht, allenfalls wird bei der Aufnahme von Pflanzen ein Teil des Bedarfs gedeckt. Nur wenige Arten trinken aus Behältern, das Wasser muss in

Tropfenform geboten werden. Die nach dem Sprühen auf Zweigen und Blättern verbleibenden Tropfen werden aktiv aufgesucht und mit der Zunge aufgenommen, verdunsten aber meist, bevor der Bedarf der Tiere gedeckt ist. Um diesen Zeitraum auf 30 bis 60 min auszudehnen, ist Sprühen unmittelbar nach Einschalten der Licht- und Wärmestrahler zweckmäßig, weil dann die Lufttemperatur noch nicht so hoch ist. Die automatische Tränkung über eine Tropftränke ist möglich, eine ständige Kontrolle und ein täglicher Wasserwechsel sind jedoch erforderlich, weil durch Verkalkung der Tropfspitze der Wasserfluss leicht unterbunden werden kann und auch die Gefahr der Verkeimung des Wassers groß ist.

Jungtieren ist das Wasser am besten individuell mittels einer Pipette oder Kanüle (ohne Schliff) anzubieten. Beginnt man damit vom ersten Lebenstag an, setzt sehr schnell ein Gewöhnungseffekt ein und man hat später auch bei den Adulti damit keine Probleme. Man bietet in der Regel Leitungswasser an.

Wie bei allen Echsen ist auch bei Chamäleons der Bedarf an **Zusatzstoffen**, also Vitaminen, Mineralstoffen, Spurenelementen und Aminosäuren, als Ersatz für die vielseitigere Ernährung in der Natur hoch. Das gilt insbesondere für Jungtiere und Arten, die von stark sonnenexponierten Gegenden, also Trockengebieten, Wüsten u.ä. stammen, die große Eizahlen produzieren (siehe Tabelle 8.8., S. 119) sowie solchen, die ein schnelles Jugendwachstum aufweisen, was auch aus dem frühen Eintritt der Geschlechtsreife (6 Monate) zu schließen ist (siehe Tabelle 8.16., S. 133).

Abb. 11. *Chamaeleo pfefferi*: Weibchen leckt Wassertropfen von einem Blatt. Foto: U. Dost

Die Dosierung der Zusatzstoffe ist sorgfältig zu überdenken. Optimale Mengen für Chamäleons sind experimentell noch nicht ermittelt. Intuition, persönliche Erfahrung des Pflegers, Erfahrungsaustausch sowie die ständige Beobachtung der Entwicklung der Tiere müssen vorerst noch die Basis für die Dosierung liefern. Eine Unterversorgung oder eine falsch dosierte Zusammensetzung bei Kombinationspräparaten kann ebenso zu irreversiblen Schäden führen wie eine zu hoch dosierte oder zu häufige Applikation, was leider gängige Praxis ist, auch wenn man davon ausgehen kann, dass Chamäleons einen etwa zehnfach höheren Bedarf an Zusatzstoffen aufweisen als andere Echsen (NEČAS 1999).

## Versorgung mit Zusatzstoffen

Bei der Versorgung mit Zusatzstoffen ergeben sich nach eigenen Erfahrungen und allgemeiner Praxis drei Möglichkeiten:

- Darreichung von Futtertieren aus dem Freiland, also Wildfängen (Käscher oder Lichtfalle – MASURAT 1999), wobei ein möglichst breites Spektrum aller Arthropoden- und Wirbeltier-Arten geeigneter Größe einzubeziehen ist und sowohl räuberisch wie auch vegetabilisch sich ernährende Futtertiere vertreten sein sollten. Solches Futter ist ideal in der Anwendung, aber mit einem erheblichen Einsatz bezüglich der Beschaffung verbunden. Bei gleichzeitiger Haltung der Chamäleons im Freiland (siehe nächster Abschnitt) und der damit verbundenen Wirkung des Sonnenlichts bleiben Erfolge in der Aufzucht und Vermehrung nicht aus.

- Aufwertung von Futtertieren während der Futtertieraufzucht. Gemessen am Aufkommen potentieller Futtertiere aus dem Freiland ist, trotz Vergrößerung des Angebots in der letzten Zeit, die Anzahl der für die Zucht geeigneten Futtertier-Arten noch immer gering. Das führt zur Einseitigkeit im Futterangebot. Um so wichtiger ist es, die selber gezogenen, vor allem aber die aus dem Handel erworbenen Futtertiere während einer Zwischenhälterung ernährungsmäßig aufzuwerten. Dies ist möglich durch die gezielte Auswahl pflanzlicher wie auch tierischer Produkte (siehe Tabelle 8.1., S. 101) als Futter für die Futtertiere während der gesamten Aufzuchtphase sowie die Zuführung von Zusatzstoffen. Ziel muss sein, ein für die Chamäleons günstiges Kalzium-Phosphor-Verhältnis zu erreichen – das Kalzium muss überwiegen. Dem dient auch die ständige Zugabe von Kalzium-Präparaten zum Futtertierfutter. Bewährt hat sich weiterhin die Verfütterung von Futterpellets, wie sie in der Nutztierhaltung eingesetzt werden, sofern die Angaben über die Zusammensetzung die Eignung dokumentieren.

- Als letzte Möglichkeit bleibt, die Zusatzstoffe den Chamäleons direkt zu verabreichen. Weit verbreitet ist das Einstäuben der Futtertiere. Diese Form ist jedoch wenig befriedigend, weil die Stoffe an der Oberfläche der verschiedenen Insekten in unterschiedlicher Menge haften und nach längerem Umherlaufen abfallen – eine Sicherheit über die tatsächliche Aufnahme der Zusatzstoffe durch die Chamäleons ist nicht gegeben. Flüssige Präparate lassen sich in größere Futtertiere injizieren, hier muss man dann zur Einzelfütterung der Chamäleons mittels Pinzette übergehen. Die nach eigenen Erfahrungen sicherste Methode ist, in regelmäßigen Abständen den zuvor beschriebenen Tränkvorgang mittels Pipette oder Kanüle auch für die Applikation von Zusatzstoffen zu nutzen. Die als Tropfen oder Pulver vorliegenden Präparate sind dazu in Wasser aufzulösen, wobei sich die Konzentration rechnerisch ermitteln lässt. Dieses Gemisch ist in einer Spritze oder Pipette aufzuziehen und den Chamäleons anzubieten. Über Größe und Anzahl der Tropfen kann die pro Tier erforderliche Menge errechnet werden. Dieser Aufwand ist nicht sonderlich groß, da er ja für das jeweilige Präparat nur einmal anfällt.

Das Angebot geeigneter Präparate ist inzwischen recht groß. Als Kalzium-Präparate eignen sich Kalzan, Osspulvit und Calcipot, sowohl in der reinen wie in der vitaminisierten Form. Vitaminpräparate sind als Einzelvitamine im Angebot, wie z.B. Vigantol in wässriger Lösung für eine Vitamin-D$_3$-Stoßtherapie, wie auch als Komplexpräparate. Schließlich sind komplexe Präparate anzuführen, die in ausgewogener Form alle benötigten Zusatzstoffe, also Mineralstoffe und Vitamine enthalten, wie etwa Korvimin ZVT. Letztere sind zu bevorzugen, sie können bei Verfütterung nicht oder nicht ausreichend aufgewerteter Futtertiere bei jeder Fütterung verabreicht werden – aber auch nur dann. Verabreicht man reine Mineralstoffpräparate, ist zusätzlich ein Vitamin-Präparat etwa alle 2 bis 3 Wochen, unterschiedlich je nach Chamäleon-Art, Alter und Präparat, einzusetzen. Beim Einsatz von Zusatzstoffen gilt: man hüte sich vor Schematismen und Überdosierungen.

Gute eigene Erfahrungen liegen auch vor mit der Verabreichung zerstoßener Schalen von Vogeleiern, dem zerkleinerten Schulp der *Sepia*-Arten, pflanzlichen Extrakten (Brennnesselsaft o.ä.) oder Produkten wie Blütenpollen.

In diesem Zusammenhang ist die Verwendung von Ultraviolett-Licht von Interesse. In der Literatur ist dieses Thema umstritten. Von der Überzeugung der absoluten Notwendigkeit bis zu völligen Ablehnung gibt es alle Übergänge, Belege werden aufgeführt. Es finden sich nur wenige fundierte Angaben technischer Art wie Lampentypen, verwendete Wellenlänge, Bestrahlungsabstand und –dauer. Eigene Erfahrungen mit der Freilandhaltung von *Chamaeleo calyp-*

Abb. 12. Stationärer Freilandbehälter (1,50 x 1,50 x 2,00 m) auf Grasboden mit Strauch.

*tratus* und *Chamaeleo jacksonii* sprechen für eine positive Wirkung einer UV-Applikation, im Gegensatz zu Tieren, die ausschließlich unter Kunstlicht ohne UV-Anteil gehalten wurden. Unbestritten ist, dass die Synthese des für den Kalzium-Haushalt wichtigen Vitamin D$_3$ nur unter UV-B-Strahlung (Wellenlange 290 bis 320 nm) erfolgen kann. Die häufig auftretenden Wirbelsäulenmissbildungen, Schäden im Bereich der Hüftgelenke, Rachitis der Vorder- und Hinterbeine bis zur Lähmung bei Haltung ohne Sonnenlicht, ohne künstliche UV-Bestrahlung oder ohne Gaben von Vitamin-D$_3$-Präparaten machen das deutlich. Einzelheiten siehe HORN (2003), dort auch weiterführende Literatur.

Abb. 13. Mobiles Terrarium für das Freiland (0,60 x 0,60 x 1,00 m).

Die **Freihaltung** ist bei allen Arten aus den gemäßigten Zonen (*Chamaeleo chamaeleon, Ch. africanus*) sowie aus Gebirgslagen möglich. *Chamaeleo jacksonii* und andere Arten aus Montangebieten (z.B. *Bradypodion fischeri, Chamaeleo affinis, Ch. bitaeniatus, Ch. deremensis, Ch. fuelleborni, Ch. hoehnelii, Ch. johnstoni, Ch. quadricornis, Ch. schubotzi*) lassen sich auch in unseren Breiten von Ende Mai bis Oktober ganztägig in gesonderten Behältern im Freien halten. Andere etwas wärmebedürftigere Arten (*Chamaeleo melleri, Furcifer campani, F. oustaleti* u.a.) können zumindest einige Stunden am Tage im Garten oder auf einem geschützten Balkon untergebracht werden. Ist ein

Strahler installiert, lassen sich auch trübe Tage überbrücken. Nicht geeignet für die Haltung im Freien sind die jeweiligen verglasten Terrarien aus der Wohnung, sie würden sich draußen zu stark aufheizen. Man sollte sich größere Freigehege aus Draht oder Gaze bauen oder transportable Gazekäfige beschaffen. Der Aufenthalt im Freien wirkt wie ein Kuraufenthalt, sichtbar an der Ausfärbung, bemerkbar insbesondere auch hinsichtlich der Fortpflanzung.

Einen Kompromiss stellt die Haltung ohne Terrarium frei im Zimmer dar. An breiten Fenstern oder in Wintergärten lassen sich vor allem große Arten wie *Calumma parsonii, Chamaeleo melleri, Furcifer oustaleti*, aber auch andere, gut halten und beobachten. Gewächshäuser sind nur geeignet, wenn sie ausreichend klimatisiert sind. Die Gefahr der Überhitzung, zu großer Feuchte und zu geringer Luftbewegung ist sonst zu groß.

Auch Chamäleons sind, mit Einschränkungen, zur **Vergesellschaftung** geeignet. Die Beobachtung, dass Chamäleons in der Natur meist einzeln angetroffen werden und die Erfahrung aus früheren Jahren, dass sie in Terrarien schwer haltbar sind, führten zur strikten Empfehlung, sie grundsätzlich einzeln zu halten. Diese Regel kann heute jedoch nicht mehr uneingeschränkt aufrecht erhalten werden. Arten, die in der Natur in größeren Populationsdichten vorkommen, wie z.B. *Chamaeleo affinis*, lassen sich ohne Nachteil vergesellschaften. Auch Weibchen verschiedener Arten können in manchen Fällen gemeinsam gehalten werden. Für *Chamaeleo jacksonii* und *Ch. hoehnelii* ist sogar eine Paarbindung nachgewiesen (Toxopeus et al. 1988).

Abb. 14. Trächtige Weibchen müssen immer isoliert gehalten werden. Hier *Bradypodion fischeri*. Foto: U. Dost

Ob Tiere ständig oder zeitweilig zusammen gesetzt werden können, ist artspezifisch fixiert und bedarf in jedem Falle der eingehenden Beobachtung durch den Pfleger. Die Ergebnisse bisheriger Beobachtungen enthält Tabelle 8.2., S. 103. Sie bedarf der Überprüfung und Ergänzung. Jungtiere vieler Arten können über Wochen gemeinsam aufgezogen werden. Trächtige Weibchen müssen immer isoliert gehalten werden, bei adulten Männchen untereinander verbietet sich in allen Fällen eine gemeinsame Haltung.

Die vorstehenden Angaben zur Vergesellschaftung beziehen sich auf Angehörige der gleichen Chamäleon-Art. Über die gemeinsame Haltung verschiedener Arten liegen keine Angaben vor.

Eigene Beobachtungen belegen Fehlverhalten von Männchen gegenüber Weibchen einer anderen Art. So kam es zu Kopulationsversuchen von Männchen von *Chamaeleo jacksonii* mit Weibchen anderer Arten ohne Kopfanhänge, wie z.B. *Chamaeleo chamaeleon* und *Ch. affinis*. Beunruhigungen solcher Art sollten vermieden werden.

Die Vergesellschaftung mit anderen Terrarienbewohnern ist mit Einschränkungen möglich. Meistens werden solche nicht beachtet. Nachtaktive Echsen und Frösche scheiden allerdings wegen der Belästigung der Chamäleons in der Nacht aus. Die Mitbewohner dürfen nicht zu klein sein, sonst werden sie von den Chamäleons als Beute betrachtet. Wir beobachteten, dass selbst größere *Anolis*-Arten nicht verschont wurden.

Bei **Betreuungsmaßnahmen**, z.B. zum Umsetzen, sollte man die Chamäleons, besonders die Jungtiere, niemals ergreifen oder am Schwanz hochziehen. Artgerecht ist, sie auf die Hand oder einen Zweig laufen zu lassen, von dort erreichen sie dann leicht die neue Stelle. Eine Unsitte ist auch, die Tiere zum Tränken mit der Pipette mit der Hand zu umschließen, weil dann aus Abwehr das Maul aufgerissen wird und das Wasser leicht eingegeben werden kann. Das Tränken soll dort erfolgen, wo die Tiere gerade sitzen, sie können dann das Wasser aktiv aufnehmen.

Eventuelle Fressfeinde (Schlangen, Hunde, Katzen) sollten außerhalb des Blickfeldes verbleiben.

# 3. Fortpflanzung und Vermehrung

Abb. 15. *Chamaeleo calyptratus:* Schlupfbeginn.
Foto: I. Kober

Die nachfolgenden Darlegungen greifen auf die vielfältigen Erfahrungen zurück, die erfolgreiche Terrarianer in den letzten etwa 25 Jahren bei der Vermehrung von Chamäleons im Terrarium gesammelt haben. Sie wurden in schriftlicher (siehe Literaturverzeichnis) und mündlicher Form übermittelt und durch eigene Erfahrungen und Kenntnisse ergänzt. Die Vielfalt der terraristischen Bedingungen bei den einzelnen Haltern brachte es mit sich, dass die jeweiligen Erfahrungswerte untereinander nicht immer übereinstimmen, ja sich z.T. widersprechen. Das gilt insbesondere für die in den Tabellen (s. Anhang 8), aufgeführten Zahlenangaben, die den jeweiligen Textabschnitten zugeordnet und möglichst vollständig wiedergegeben wurden. Das sollte nicht vorschnell mit falsch, sich widersprechend oder unsinnig bezeichnet werden. Biologische Systeme haben meist eine breite

Anpassungsfähigkeit. Das gilt auch für Chamäleons, zumal die Haltungsbedingungen im einzelnen sehr unterschiedlich gewesen sein können und der Terrarianer oft nicht genau weiß, aus welchem Habitat seine Tiere stammen und welche Grundbedürfnisse deshalb vorliegen.

Grundsätzlich ist festzuhalten, dass fast alle Angaben unter Bedingungen der Terrarienhaltung gewonnen wurden. Rückschlüsse auf das Verhalten im Freiland sind deshalb nur unter Vorbehalt zulässig.

Um Nachsicht wird gebeten bezüglich der sicherlich vorhandenen Lücken in den Tabellen, weil Aussagen dazu noch fehlen bzw. nicht, oder zum Zeitpunkt der Manuskripterarbeitung noch nicht veröffentlicht wurden (s. Addendum). Grundsätzlich vermieden wurde, diese Lücken spekulativ zu füllen, weil man für verwandte Arten oder solche aus gleichen

Habitaten ein gleiches Verhalten erwarten könnte. Sicherlich wurde auch die eine oder andere bereits vorliegende Angabe übersehen. Ergänzungen oder Vorschläge zur Veränderung der Tabellen werden dankbar entgegen genommen.

## 3.1. Vorbereitende Maßnahmen

Um Zufälligkeiten bei der Vermehrung auszuschließen, ist eine systematische Vorbereitung der Haltung erforderlich. Dazu gehört vorrangig, die eigenen Möglichkeiten abzuschätzen:

• Besteht die Bereitschaft, Verantwortung für Lebewesen zu übernehmen? (Tiere sind keine Sache)
• Welcher Platz steht zur Verfügung und wo?
• Wie viele Behälter können aufgestellt werden und in welcher Größe?
• Wie viel Freizeit steht zur Verfügung?
• Steht eine geeignete Urlaubsvertretung bei Abwesenheit zur Verfügung?
• Welchen Finanzaufwand kann ich betreiben (Tierbeschaffung, Zusatzgeräte, Energie, Zucht oder Kauf der Futtertiere)?
• Welche Arten mit welchem Schwierigkeitsgrad sollten es sein?

Besonders Anfänger neigen dazu, spontan auf zufällige Angebote zu reagieren, doch häufig stellen sich dann früher oder später Schwierigkeiten ein.

Es ist wichtig, sich über die ausgewählte Art ein eingehendes Wissen anzueignen. Literatur steht inzwischen in ausreichendem Maße zur Verfügung. Der Erfahrungsaustausch mit anderen Terrarianern, besonders innerhalb der Arbeitsgemeinschaften, ist eine wertvolle Ergänzung. Diese zusammengetragenen Erfahrungen allein genügen jedoch noch nicht, sie sind umzusetzen auf die jeweiligen eigenen Bedingungen. Nicht alles, was bei anderen ging, muss auch bei einem selbst zum Erfolg führen.

Zum Erwerb des Wissens über die Art gehört auch, sich über die Existenz von Unterarten und auch Ökotypen der ausgewählten Art zu informieren. Das ist deshalb erforderlich, weil ein fester Grundsatz der Terraristik sein sollte, jegliche Bastardierungen zu vermeiden. Dazu gehören auch innerartliche.

Welche negativen Folgen diese haben, ist bei der Vermehrung von *Chamaeleo calyptratus* und *Ch. jacksonii* festzustellen. Die Nachzuchterfolge der letzten Zeit haben dazu geführt, dass Tiere aus den beiden Herkunftsgebieten von *Ch. calyptratus* aus dem Norden und dem Süden des Jemen, die sich in Größe und Färbung gut unterscheiden lassen, vielfach wahllos miteinander verpaart wurden und die Nachkommen heute nicht mehr zugeordnet werden können und auch an Vitalität nachgelassen haben.

Noch schlimmer verhält es sich mit *Ch. jacksonii*. Heute werden drei Unterarten unterschieden: *Ch. j. jacksonii* aus dem gesamten Verbreitungsgebiet Kenia und Nord-Tansania, *Ch. j. xantholophus* von den Hängen des Mt. Kenya und *Ch. j. merumontanus* vom Mt. Meru in Tansania. Alle drei unterscheiden sich schon in der Größe voneinander, an der Ausbildung der Hörner, auch die Körperfarbe ist unterschiedlich. Außerdem wird noch von einer lokalen, bisher nicht beschriebenen Form aus dem Südwesten Kenias berichtet, die sich ebenfalls von den Unterarten unterscheidet. Die zunehmenden Erfolge bei der Vermehrung haben zu einer zunehmenden Vermischung innerhalb der Art geführt, eine Zuordnung ist vielfach nicht mehr möglich, es entstanden Kümmerformen, die Vitalität und auch die Fortpflanzungsbereitschaft haben nachgelassen.

Ähnliche Probleme zeigen sich auch bei *Chamaeleo hochnelii*. Nachlässigkeiten in dieser Hinsicht sind von Übel. Züchterische Absichten, wie sie bei domestizierten Formen (Haustieren, Wellensittichen, Guppys usw.) üblich sind, sind für den Bereich der praktischen Terraristik gänzlich abzulehnen. Sie haben nur in der Forschung ihre Berechtigung.

Es sollten also Tiere erst erworben werden, wenn alle Voraussetzungen erfüllt und alle Überlegungen abgeschlossen sind. Beim Erwerb von Tieren der gewählten Art ist zu entscheiden, ob Wildfänge oder Nachzuchten bevorzugt werden, diese vom Handel oder vom Terrarianer direkt bezogen werden können. Über diese Entscheidung kann keine theoretische Antwort gegeben werden. Vieles ist möglich, ausschlaggebend ist, wie glaubwürdig und seriös die jeweiligen Angaben sind. Letztlich muss der Erwerber selbst prüfen, ob die Tiere für die beabsichtigte Vermehrung geeignet sind. Er muss wenigstens folgendes beachten:

- Geschlecht: sind Männchen und Weibchen vertreten und gut zu unterscheiden,

- Alter: sind es Jungtiere oder bereits geschlechtsreife, waren sie schon mal trächtig, sind sie überaltert

- Konstitution: sind die Tiere kräftig, gut genährt, aber nicht verfettet, feh-

len krankhafte Zeichen von Dehydration (eingesunkene Augäpfel, herausstehende Beckenknochen, knochige Schwanzwurzel fehlen), verliefen Schlupf bzw. Geburt ohne Komplikationen,

- Körpergröße: liegt sie im für das Alter oberen Bereich (keine Kümmerformen),

- Körperfarbe und –musterung: sind sie kräftig ausgebildet und für die Art, Unterart oder Herkunft typisch,

- Gesundheit: fehlen Anzeichen von akuten oder überstandenen Krankheiten (keine verdickte Gelenke, Skelettmissbildungen, Muskelatrophien, Knochenbrüche, eitrige Entzündungen),

- Verhalten: bewegen sich die Tiere, werden die Augäpfel lebhaft bewegt, sind der Griff der Füße und des Schwanzes fest, wird auf Futter reagiert.

> Auch wenn die Verführung groß ist – man sollte sich zumindest zunächst auf eine Art beschränken! Nur dann ist es möglich, sich voll auf diese zu konzentrieren.

Wer Chamäleons zur Fortpflanzung bringen will, darf sich nicht ablenken lassen. Er muss Zeit für Beobachtungen und Notizen einplanen und aufbringen. Nur derjenige, der Chamäleons nur halten will, kann sich nach Art der „Jäger und Sammler" immer neue Tiere zulegen – erstrebenswert ist diese Zielstellung aber nicht.

Statt vieler Arten sollte besser die Anzahl der Individuen erhöht werden. Es ist dann besser möglich, die geeigneten Paare zusammen zu stellen (siehe 3.3.

Balz und Paarung) und auch zu wechseln. Wem das nicht möglich ist, kann Zuchtgruppen mit Hilfe anderer Terrarianer bilden, um somit die Basis zu verbreitern.

Das Erkennen der Geschlechter für die Auswahl der Paare wird dadurch erleichtert, dass es eine Reihe von Merkmalen gibt, die insbesondere die Männchen aufweisen (Sexualdimorphismus, Tab. 8.3, S. 105). Einige sind sehr auffällig, andere erkennt man nur im Vergleich mit den Weibchen:

- Männchen sind meist größer als Weibchen, Ausnahmen: *Chamaeleo chamaeleon*, *Ch.dilepis*, *Brookesia* sp., *Rhampholeon* sp.,
- Schwänze der Männchen sind häufig länger (mehr als die Körperlänge),die Schwanzwurzel der Männchen ist verdickt (Hemipenistaschen),
- die Hinterfüße können einen Fersensporn tragen (einige Arten der Gattung *Chamaeleo*, Abb. 17)
- Männchen weisen häufig auffällige Körperanhänge auf: Nasenfortsätze, Hörner (Abb. 18-30),
- vergrößerte Körperschuppen am Hals oder auf dem Rücken, Kämme, Segel, die beim Weibchen fehlen oder wesentlich kleiner ausfallen,
- Körperfarben und Muster sind meist kräftiger (Ausnahmen z.B. *Furcifer lateralis*).

Schwach ausgebildete Geschlechtsunterschiede lassen sich vielfach nur erkennen, wenn eine größere Anzahl von Tieren zum Vergleich vorhanden ist.

Im Gegensatz zu diesen sekundären Geschlechtsmerkmalen lassen sich die primären schwer erfassen. Über die Anwendung der Sondenmethode ist nichts bekannt. Manchmal treten die Hemipenes spontan heraus, z.B. beim Koten (Abb. 16).

Grundsätzlich gilt: Alle Neuerwerbungen sind vom Altbestand und untereinander zu isolieren, um Infektionskrankheiten und Endoparasiten zu erkennen, u. U. mit Hilfe geeigneter mikrobiologischer Untersuchungsmethoden, und um eine Übertragung auf den eigenen Tierbestand zu verhindern. Einfach eingerichtete Quarantänebecken müssen vorhanden sein, als Zeitraum sollten etwa 4 Wochen angesetzt werden.

Abb. 16. *Chamaeleo jacksonii*: Beim Koten heraustretender Hemipenis.

Abb. 17. Fersensporne an den Hinterfüßen von *Chamaeleo calcarifer* (verändert nach BRYGOO 1971).

Abb. 18. *Furcifer campani*, mit farbig abgesetzter Augenbrauenleiste (nicht immer vorhanden).

Abb. 19. *Chamaeleo hoehnelii*, mit hohem Parietalkamm und stumpfem beschuppten Rostralfortsatz (= unechtes Horn).

Abb. 20. *Chamaeleo calyptratus*, mit besonders hohem Parietalkamm.

Abb. 21. *Furcifer bifidus*, mit weichem verlängerten Rostralfortsatz.        Foto: A. Gutsche

Abb. 22. *Calumma boettgeri*, mit einem verlängerten farbig markierten Rostralfortsatz.
                                        Foto: F.Glaw

Abb. 23. *Bradypodion tavetanum*, mit zwei verlängerten Rostralfortsätzen mit Kegelschuppen.                Foto: W. Minuth

Abb. 24. *Calumma parsonii*, mit zwei zu kräftigen Schaufeln auslaufenden Rostralkanten.

Abb. 25. *Chamaeleo montium*, mit zwei echten Hörnern und auf dem Rücken und der Schwanzwurzel ein Segel mit gewellter Kante.                          Foto: F. Hausemann

Abb. 26. *Chamaeleo fuelleborni*, mit drei kurzen dicken echten Hörnern.
                          Foto: P. Nečas

Abb. 27. *Chamaeleo johnstoni*, mit drei langen schlanken echten Hörnern.

Abb. 28. *Chamaeleo quadricornis*, mit zwei, vier oder sechs kurzen, schief nach oben gerichteten echten Hörnern und Hautsegeln auf Rücken und Schwanzwurzel. Foto: W. Schmidt

Abb. 29. *Chamaeleo cristatus*, mit einem bis 3 cm hohem Rückensegel.
                          Foto: E. Wallikewitz

# Geschlechtsdimorphismus

Abb. 30. Geschlechtsdimorphismus: Unterschiede im Kopfbereich zwischen Männchen und Weibchen ausgewählter madagassischer Chamäleon-Arten (verändert nach BRYGOO 1971, 1978).

**Männchen**                    **Weibchen**

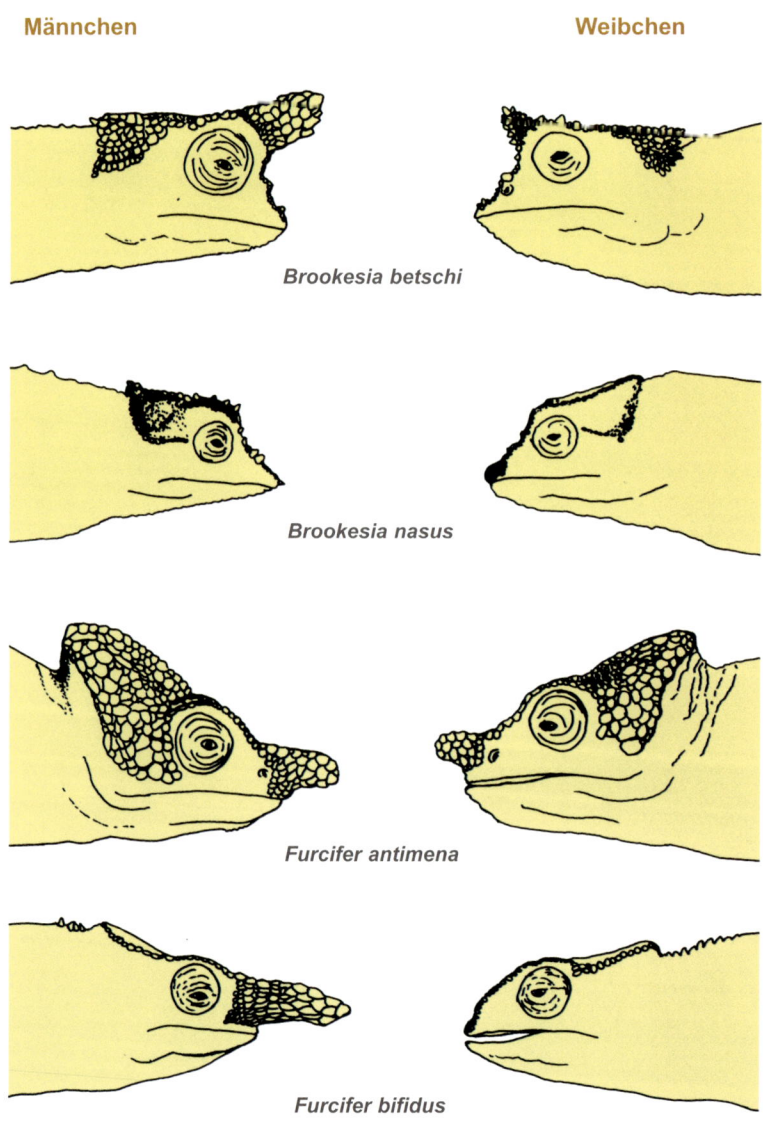

*Brookesia betschi*

*Brookesia nasus*

*Furcifer antimena*

*Furcifer bifidus*

**Männchen**                    **Weibchen**

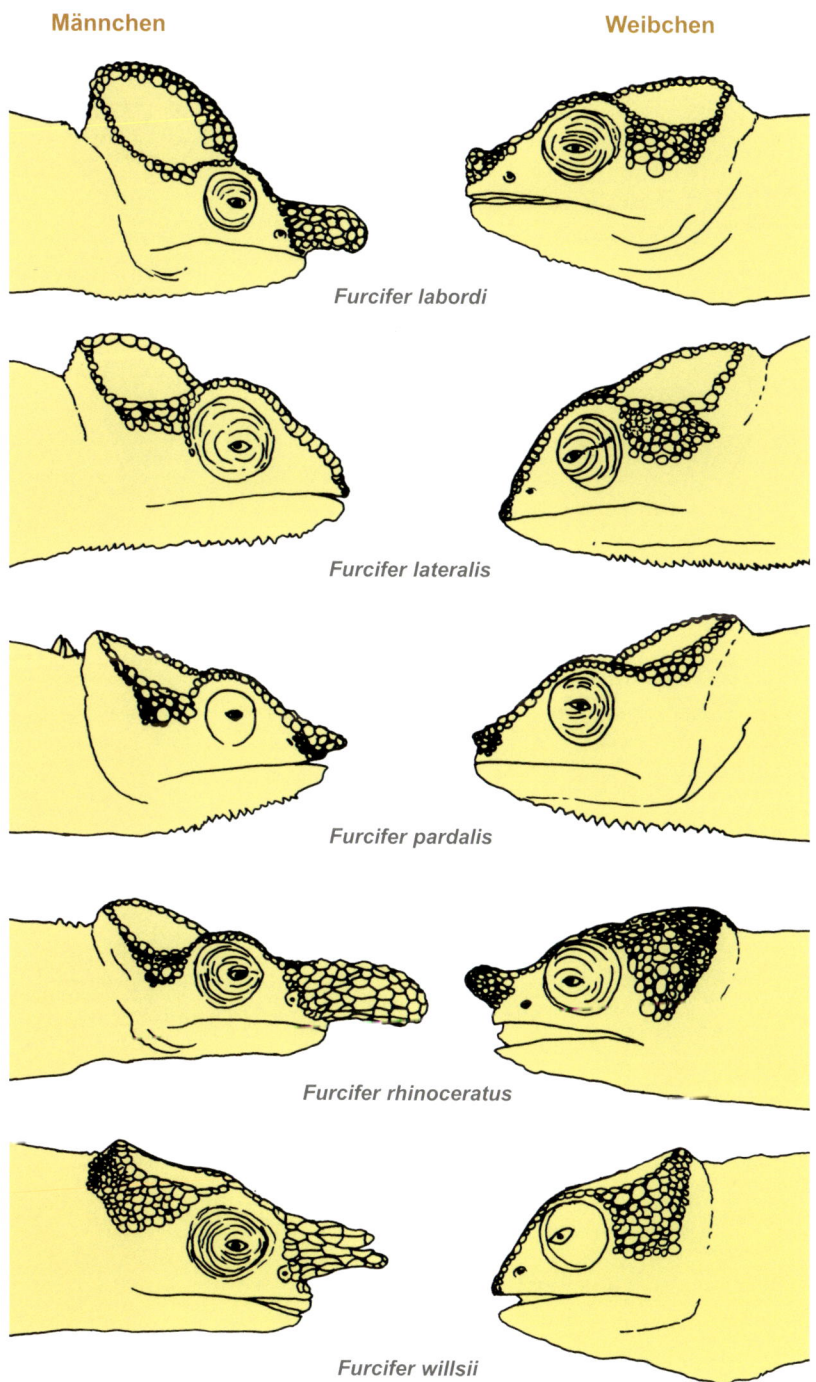

Furcifer labordi

Furcifer lateralis

Furcifer pardalis

Furcifer rhinoceratus

Furcifer willsii

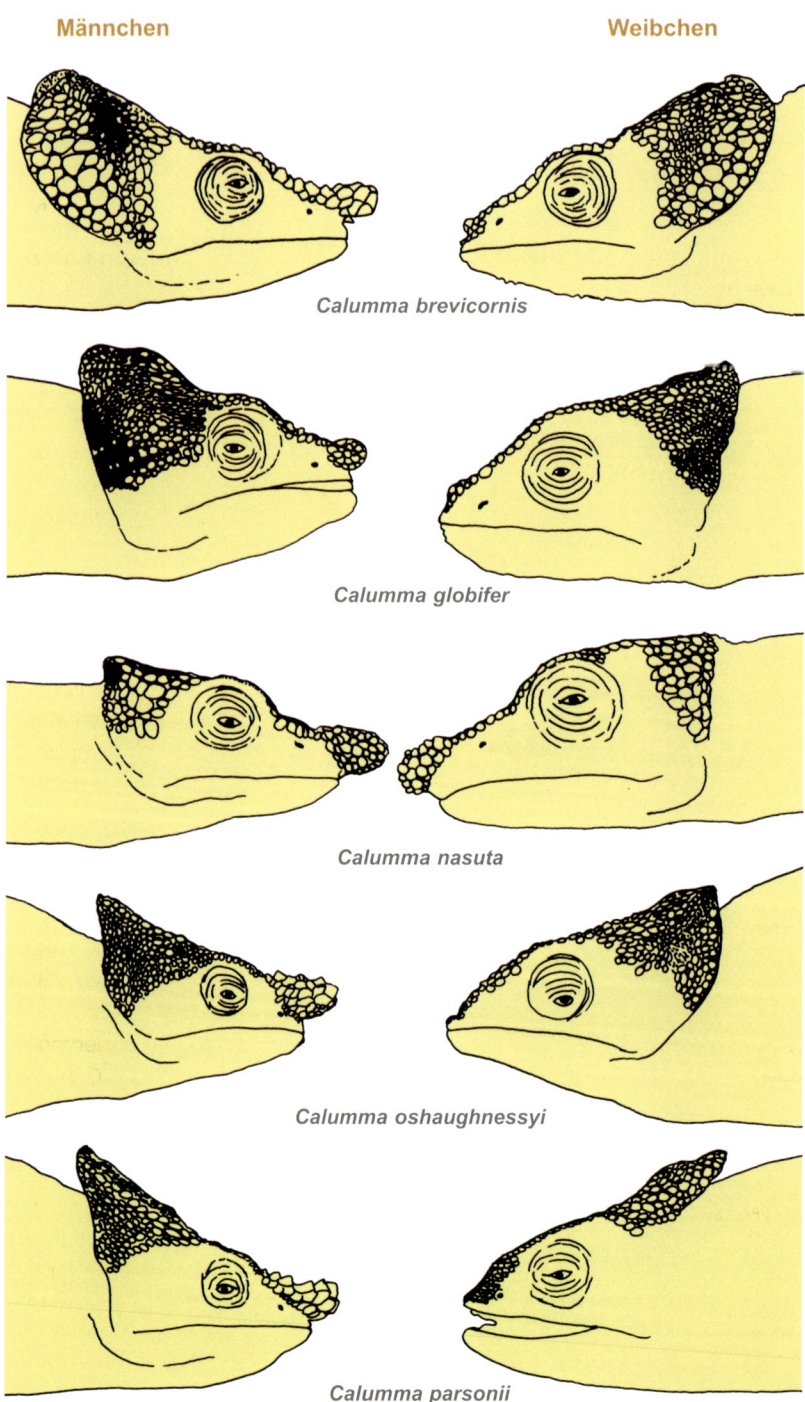

Männchen          Weibchen

*Calumma brevicornis*

*Calumma globifer*

*Calumma nasuta*

*Calumma oshaughnessyi*

*Calumma parsonii*

## 3.2. Klimagebiete, klimatischer Jahreszyklus und Ruhezeiten

Um Chamäleons im Terrarium erfolgreich zur Fortpflanzung zu bringen und zufällige Ergebnisse auszuschließen, ist es erforderlich, die im jeweiligen Verbreitungsgebiet der einzelnen Arten vorherrschenden klimatischen Bedingungen und die daraus resultierenden fortpflanzungsbiologischen Abhängigkeiten und Abläufe zu kennen.

Die Verbreitung der meisten Arten korreliert eng mit klimatischen und vegetationstypischen Bedingungen (Tab. 8.4., S. 109). Nur in wenigen Fällen erstreckt sich das Verbreitungsgebiet über größere Räume, wie z.B. *Chamaeleo dilepis*. Aus dieser Bindung an Klima und Vegetation resultieren unterschiedliche Fortpflanzungsweisen. Es gibt Arten, die grundsätzlich nur einmal im Jahr trächtig werden. Dafür dürften klimatische Jahreszyklen verantwortlich sein: niedrige Temperaturen oder Trockenzeiten schränken die Aktivitäten ein. Ein besonders charakteristisches Beispiel dafür ist *Chamaeleo chamaeleon* (siehe

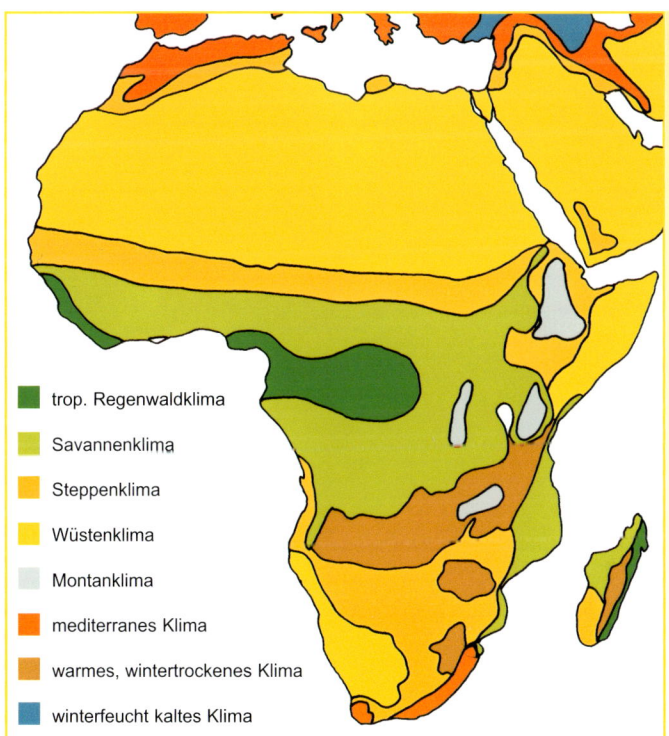

trop. Regenwaldklima

Savannenklima

Steppenklima

Wüstenklima

Montanklima

mediterranes Klima

warmes, wintertrockenes Klima

winterfeucht kaltes Klima

Abb. 31. Klimagebiete. Das Klima Afrikas wird vereinfacht wie folgt klassifiziert (in Anlehnung an KÖPPEN et al. 1936):
- Gebiet mit tropischem Klima, umfasst das Regenwald- und das Savannenklima,
- Gebiet mit Trockenklima, umfasst das Steppen- und das Wüstenklima,
- Gebiet mit warmgemäßigtem Klima, wozu Gebiete mit warm-wintertrockenem und mit warm-sommertrockenem (mediterranen) Gebiet gehören,
- Gebiete mit Montanklima, die aus den jeweiligen Klimagebieten herausragen, deren Klimadaten in abgewandelter Form (z.B. niedrigere Temperaturen, ausgeprägte Regenzeiten) aufweisen.

Tab. 8.7., S. 116). Die Mehrzahl der Arten kann jedoch mehrfach im Jahr trächtig werden, ovipare Arten wie *Furcifer pardalis* z.B. bis zu 6 mal. Möglich wird das durch einen ganzjährig ausgeglichenen Klimaverlauf, wie er sich etwa im Regenwald in Bezug auf Temperatur und Niederschlag darstellt. Ruhepausen ergeben sich nicht.

Bei lebendgebärenden Arten liegen die Voraussetzungen anders. *Chamaeleo jacksonii xantholophus* z.B. wird im Terrarium zweimal im Jahr trächtig. Eigene langjährige Beobachtungen ergaben, dass die Trächtigkeit im Mittel 182 Tage dauert – also wesentlich länger als bei oviparen Arten – und zwar von Mitte Juli bis Mitte Dezember und dann wieder bis Mitte Juli mit einer Streuung von 17 bzw. 24 Tagen (Abb. 32). Ein Vergleich mit den Witterungsabläufen im Herkunftsgebiet der Unterart in Kenia ergibt, dass eine Korrelation zu den dort herrschenden zwei Regenzeiten besteht (Abb. 33). Auffällig ist, dass diese Jahreszyklen bei uns im Terrarium über viele Jahre erhalten geblieben sind.

Die Kenntnisse über die Häufigkeit der Trächtigkeit bei den einzelnen Arten sind noch gering (Tab. 8.7.). Sie entstammen in der Mehrzahl aus Terrarienbeobachtungen. Rückschlüsse auf das Verhalten im Freiland dürfen deshalb nicht voreilig getroffen werden.

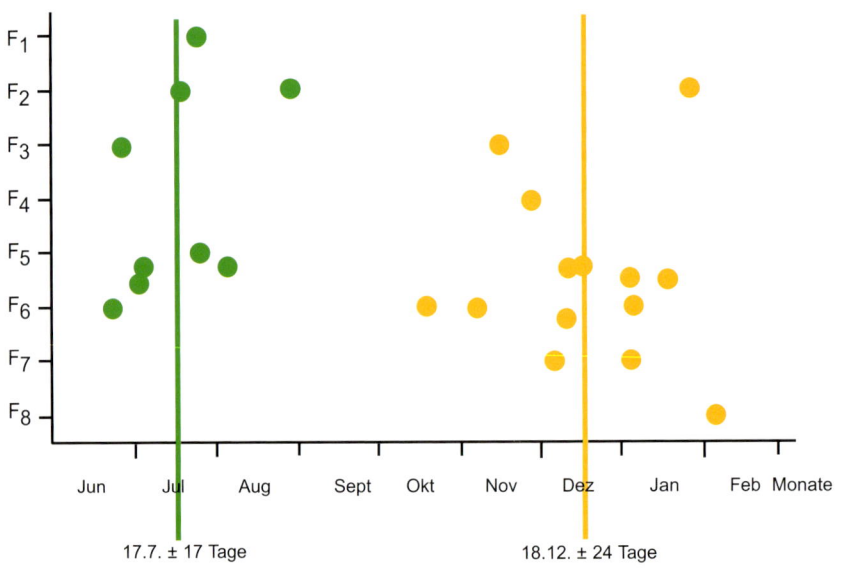

Abb. 32. *Chamaeleo jacksonii xantholophus*: Streuung der Geburtstermine um die Mittelwerte im Juli und Dezember im Zeitraum von 15 Jahren (nach MASURAT & MASURAT 1996).

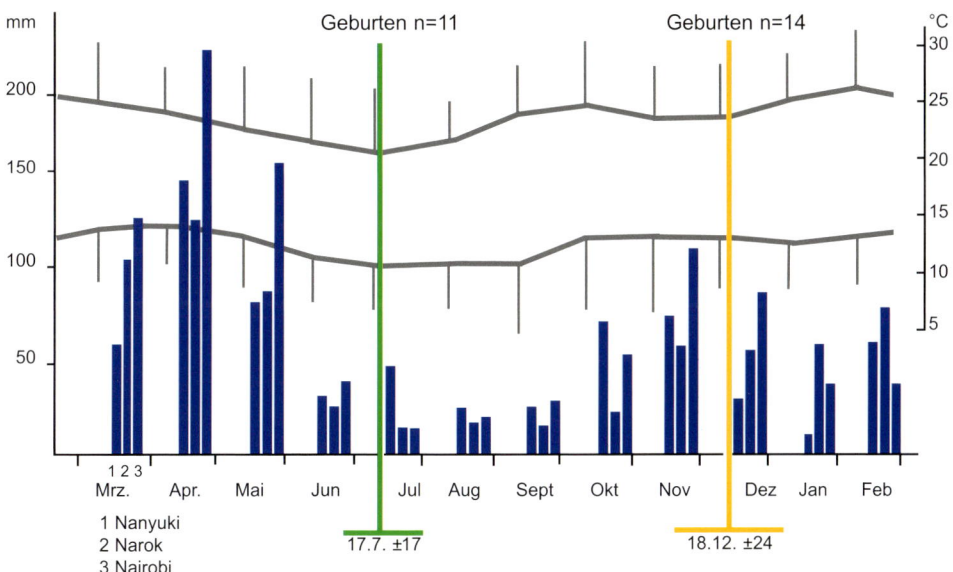

Abb. 33. *Chamaeleo jacksonii xantholophus*: Geburtstermine im Juli und Dezember (Mittelwerte von 11 bzw. 14 Geburten mit einer Abweichung von ± 17 bzw. 24 d) im Vergleich zu den Regenzeiten und Temperaturen in Kenia an 3 Orten (nach MASURAT & MASURAT 1996).

## 3.3. Balz und Paarung

Die meist praktizierte, aber nicht immer erforderliche Einzelhaltung der Chamäleons (siehe Vergesellschaftung) bringt es mit sich, dass die Männchen im Gegensatz zu den Weibchen fast ständig kopulationsbereit und –fähig sind. Nur in wenigen Fällen wurde eine zeitweilige geschlechtliche Inaktivität (Hoden fast ohne Spermien) festgestellt, z.B. bei *Bradypodion pumilum* im Juni/Juli, also in kühlen und regnerischen Abschnitten.

Erst wenn man, sofern möglich, Tiere vergesellschaftet, stellt man ein anderes **Verhaltensmuster** fest. Es bilden sich dann meistens Zeitabläufe heraus, die denen des Freilandverhaltens ähneln. Dort kann die Fortpflanzung von klimatischen Bedingungen wie Kalt- und Warmperioden, Regen- oder Trockenzeiten gesteuert werden. Regenzeiten sind von besonderer Bedeutung, weil in diesen das Futtertierangebot zunimmt und vielseitiger ist. Diese Faktoren sollte der Terrarianer kennen, auch wenn er sie im Terrarium nicht immer simulieren kann.

Bei vergesellschafteten *Chamaeleo jacksonii* stellte sich bei uns recht schnell ein über 15 Jahre ziemlich stabiler Rhythmus ein, der etwa mit den zwei Regenzeiten in Kenia zusammen fiel (siehe Kapitel 3.2). Die bereits angesprochene Paarbindung bei dieser Art kann sehr eng sein. Versuche von uns, aus einer Gruppe das angestammte Männchen durch ein anderes zu ersetzen, führte zu heftigen Attacken seitens der beiden Weibchen und musste rückgängig gemacht werden.

33

Abb. 34. *Furcifer pardalis*: kurzes Antippen des Zweiges mit der Zungenspitze – Aufnahme einer chemischen Markierung?

Eine deutliche Abhängigkeit der **Paarungsaktivität** vom Klima besteht auch bei mediterranen Herkünften von *Chamaeleo chamaeleon* und *Ch. africanus*. Diese bedürfen einer Temperaturabsenkung im Winter (etwa November bis März) auf etwa 10 bis 15 °C, um paarungswillig zu werden. Ähnliches dürfte für einige südafrikanische *Bradypodion*-Arten gelten, die unter ähnlichen Klimabedingungen leben.

Arten aus Montangebieten (1000 m NN und höher) sind an die nächtlichen Temperaturabsenkungen – zunehmend mit ansteigender Höhe – angepasst, z.B. *Chamaeleo affinis* und *Ch. schubotzi*.

Bei Arten aus tropischen Niederungsgebieten sind Regenzeiten im Wechsel mit Trockenzeiten von Bedeutung, erstere bringen meist einen Temperaturrückgang und anschließend ein höheres Futterangebot mit sich.

Trotz dieser Bindungen an die Klimabedingungen, die auch nicht vernachlässigt werden sollten, ist aber festzustellen, dass in gut eingestellten Terrarien sowohl die Anpassungsfähigkeit der Arten wie auch der Fortpflanzungstrieb der jeweiligen Tiere so ausgeprägt ist, dass Abweichungen vom Optimum toleriert werden.

Bei einigen Arten ( u.a. *Chamaeleo calyptratus und Furcifer pardalis)* kann es nach jeder Eiablage zur erneuten Kopulation kommen, wodurch es nach einigen Eiablagen zur Erschöpfung und möglicherweise zum Tod des Weibchens kommt. Hier muss also steuernd eingegriffen werden.

Nicht immer gelingt es, passende Paare zusammen zu bringen. Es gibt inaktive Männchen, doch dieses Verhalten hat meist Gründe, die in falscher Haltung oder gesundheitlichen Problemen zu suchen sind. Lehnen Weibchen den Partner ab, kann eine grundsätzliche Abneigung bestehen oder eine zeitlich fehlende Paarungsbereitschaft. Lässt sich ein Paar nicht zusammen halten, muss man in zeitlichen Abständen das Männchen immer wieder zum Weibchen setzen und die Reaktionen abwarten und beobachten. Wird nach Eiablage oder Ende der Trächtigkeit der optimale Zeitpunkt der erneuten Paarung verpasst, verschiebt sich diese u.U. um Monate. Doch sollte man nicht die Geduld verlieren, nach längerem „Zieren" oder Abwarten wird meist eine Kopulation zugelassen. Sollte es doch nicht dazu kommen, sind die Partner zu wechseln. Hier bewährt es sich, eine größere Zuchtgruppe zu haben.

Über Sexuallockstoffe (Pheromone) ist bei Chamäleons nichts bekannt.

Abb. 35. *Bradypodion setaroi*: Beginn der Balz.

wie sie sonst nur Männchen gegenüber gezeigt wurde

Bei vergesellschafteten Tieren bestimmt das Männchen den **Termin** der geschlechtlichen Aktivität, was den natürlichen Gegebenheiten am meisten entspricht. Bei Einzelhaltung entscheidet dagegen mehr oder weniger willkürlich der Terrarianer den Zeitpunkt, wann die Partner zusammengebracht werden. Über die Art und Weise gibt es unterschiedliche Aussagen. Häufig wird geschrieben (und immer wieder erneut empfohlen), dass das Weibchen zum Männchen ins Terrarium gesetzt wird. Das funktioniert zwar, wie auch belegt, ist aber völlig unbiologisch und ist nur für den Terrarianer von Vorteil. Berichtet wird, dass Männchen, besonders Wildfänge, sehr aggressiv reagieren können, z.T. sogar beißen (obwohl in der Paarungssituation bei Männchen normalerweise eine Beißhemmung vorhanden ist), wenn ein Weibchen zum Männchen gesetzt wird, also das Territorium des Männchens verletzt (FERGUSON 1995). In der Natur ist das Männchen der aktive Partner, der das Weibchen in dessen Revier aufsucht und dabei auch weitere Wege hinter sich bringt. Das Weibchen dagegen ist passiv und wartet, unternimmt höchstens kurze Fluchtversuche oder beißt. Diese **Form des Zusammensetzens** hat sich auch in der Terrarienpraxis bewährt, indem dem Männchen auf einem Zweig die Gelegenheit gegeben wird, sich aktiv in den Behälter des Weibchens zu bewegen. Es kann auch die Trennwand benachbarter Terrarien entfernt werden, soweit die Bauweise das zulässt. Von Vorteil ist es, den Tieren jeweils unmittelbar vor der Paarung über eine gewisse Entfernung Sichtkontakt zu gewähren. Dieser Ablauf

Vermutungen darüber wurden angestellt, wenn in der Natur plötzlich mehrere Männchen von *Chamaeleo dilepis* bei einem Weibchen erschienen. Eigene Beobachtungen über das Antippen der belaufenen Zweige mit der Zungenspitze z.B. durch *Furcifer pardalis* deuten auf die Orientierung auf chemische Reize hin. Auch MEIER (1977) stellte dieses Verhalten bei seinen Chamäleons fest (ohne Artangabe), deutete dies jedoch als Markierung des Schlafplatzes.

Die entscheidende Rolle beim „Sich Finden" der Geschlechter spielt das Auge. Chamäleons können über große Entfernungen Artgenossen erkennen, wie auch durch Attrappenversuche nachgewiesen werden konnte (KÄSTLE 1967, SCHUSTER 1979 u.a.). Bei uns löste bereits eine in den Terrarienraum gebrachte grün gefärbte Kunststoffgießkanne bei einem Männchen von *Chamaeleo calyptratus* über mehrere Meter Entfernung höchste Erregung aus,

Abb. 36. *Chamaeleo calyptratus*: Paarungs-versuche mit einem paarungsunwilligen Weibchen (dunkel gefärbt).　　Foto: I. Kober

zwar Unterschiede, viele Elemente gleichen sich aber.

Das Männchen streckt Kopf und Vorderkörper hoch, flacht den Körper ab und stellt ihn mit der Seite zum Weibchen, imponiert, bläst den Kehlsack auf, führt ruckartige Kopfbewegungen vertikal oder seitwärts aus, rollt mit den Augen, führt Vor- und Rückwärts-bewegungen mit dem Körper aus, streckt den Schwanz und rollt ihn wieder ein. Gleichzeitig verstärken sich Körperfarbe und –muster in besonderem Maße.

Die Annäherung an das Weibchen ist von Art zu Art verschieden. Bei der Mehrzahl der Arten nähern sich die Männchen langsam und vorsichtig dem Weibchen, tasten es ab, sondieren die Umgebung und versuchen, es zu besteigen (*Chamaeleo hoehnelii, Chamaeleo jacksonii*). Besonders bei solitär lebenden und getrennt gehaltenen Arten dagegen sowie in den Fällen, bei denen das Weibchen zum Männchen gesetzt wird, verläuft die Paarung vielfach heftiger und erregter. Manchmal setzt durch das Männchen eine hastige Verfolgung ein,

hat für das Weibchen den Vorteil, dass die Stresssituation, die mit der Kopulation verbunden ist, durch eine fremde, ungewohnte Umgebung nicht noch vergrößert wird.

Erblickt ein Männchen ein Weibchen, beginnt ein beeindruckendes **Balzritual**. Es gibt zwischen den einzelnen Arten

## Balzverhalten und Paarung von Chamäleons

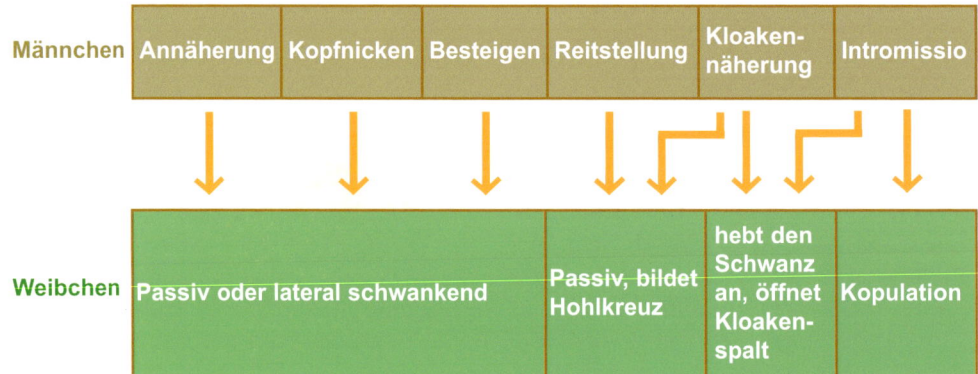

| Männchen | Annäherung | Kopfnicken | Besteigen | Reitstellung | Kloaken-näherung | Intromissio |
|---|---|---|---|---|---|---|
| Weibchen | Passiv oder lateral schwankend | | | Passiv, bildet Hohlkreuz | hebt den Schwanz an, öffnet Kloaken-spalt | Kopulation |

Abb. 37. *Chamaeleo calyptratus:* Weibchen, nicht paarungsbereit, mit Abwehrfärbung.

die anschließend wie eine Vergewaltigung endet (besonders ausgeprägt bei *Chamaeleo chamaeleon* (Abb. 38-40), *Ch. calyptratus*, *Furcifer lateralis*).

Doch auch die Weibchen haben ein endogen gesteuertes Paarungsritual entwickelt:

Ist das Weibchen paarungsbereit, erwartet es das sich nähernde Männchen oder bewegt sich nur etwas weg, wird eventuell heller, erleichtert dem Männchen das Aufsteigen, biegt den Rücken konkav durch und hebt die Kloakenregion an.

Ist das Weibchen nicht paarungsbereit, verfärbt es sich dunkel bis schwarz, zeigt mit dem ganzen Körper ein Querwackeln, reißt das Maul auf, schlägt mit dem Kopf zum Männchen und versucht zu fliehen oder beißt. Bereits trächtige Weibchen zeigen vielfach ein spezielles Farbmuster (z.B. helle Punkte oder Streifen auf dunklem Untergrund) und reagieren besonders heftig, werden aber nicht attackiert.

Abb. 38-40. *Chamaeleo chamaeleon:* Paarungsablauf. Foto: P. Kodym

37

Abb. 41. *Brookesia minima*: paarungswilliges Weibchen gestattet dem Männchen das „Aufreiten". Foto: W. Schmidt

Diese Form der Balz wandelt sich bei den einzelnen Arten unwesentlich ab. Nur Stummelschwanzchamäleons verhalten sich etwas anders. Hier laufen die Männchen erregt um das Weibchen herum und zeigen mit Kopf und Körper zuckende Bewegungen. Nicht paarungsbereite Weibchen vollführen ebenfalls zuckende Bewegungen und führen Scheinangriffe aus, paarungswillige Weibchen gestatten dagegen dem Männchen über z.T. Stunden seitlichen Körperkontakt bzw. ein Aufreiten (NEČAS 1999, SCHMIDT et al. 1996).

Ob bei einem Weibchen **Paarungsbereitschaft** vorliegt, bedarf eingehender Beobachtung, insbesondere bei den Arten, die nur einmal im Jahr trächtig werden. Eine Anlehnung an die natürlichen Abläufe ist angebracht. Bei Arten, die mehrfach im Jahr trächtig werden, setzt die erneute Paarungswilligkeit vielfach unmittelbar nach der Eiablage oder nach etwa 2 Wochen ein. Sie hält aber nur kurze Zeit an, wenn kein Männchen zur Verfügung steht. Spätere Kopulationsversuche sind dann vielfach ohne Erfolg, es ist schwierig, den gestörten Fortpflanzungsrhythmus wieder herzustellen. Anders ist es bei Weibchen z.B. von *Furcifer pardalis* unmittelbar nach Erlangung der Geschlechtsreife, die also noch nicht gravid waren. Bei diesen kann die Paarungswilligkeit bis zu 3 Monaten anhalten (FERGUSON 1995). Hier kann also gut überlegt lenkend eingegriffen werden, um eine gezielte Trächtigkeit zu erreichen.

Die eigentliche Kopulation beginnt mit dem Aufreiten des Männchens auf den Rücken des Weibchens. Das Männchen biegt seine Schwanzwurzel und bringt seine Kloake in die Nähe der des Weibchens. Einige Arten massieren vor oder zu Beginn mit den Hinterfüssen die Kloakenregion des Weibchens (nach NEČAS, 1999). Ist der Kloakenkontakt vollzogen, stülpt sich ein Hemipenis aus und wird gleichzeitig in die Kloake des Weibchens eingeführt (Intromissio). Es sind langsame rhythmische Bewegungen der Kloakenregion des Männchens zu beobachten.

Die **Tageszeit**, zu der Kopulationen stattfinden, ist unterschiedlich. Bei vielen Arten gibt es keine festen Regeln, sie können jederzeit erfolgen. Bei Montanarten, die nach einer kühlen Nacht erst eine Aufwärmphase benötigen, wird meist nach dem Aufwärmen kopuliert, wie wir bei *Chamaeleo jacksonii* und *Chamaeleo hoehnelii* immer wieder feststellen konnten. Stummelschwanzchamäleons kopulieren erst abends oder nachts.

Die **Dauer** der Kopulation ist bei den einzelnen Arten unterschiedlich. Häufig ist sie nach wenigen Minuten zu Ende.

Die längste Zeit bei *Chamaeleo jacksonii* wurde von uns mit 15 min registriert. Eine extrem lange Dauer wurde bei *Chamaeleo affinis* beobachtet: 4 h 55 min (NEČAS 1995). Das Ende der Kopulation wird meist vom Weibchen signalisiert, indem es sich fortbewegt oder seitlich wegdreht.

Die Paare wiederholen die Kopulationen mitunter mehrfach an den folgenden Tagen. Sie sollten deshalb eine unterschiedlich lange Zeit im gleichen Behälter verbleiben; Stunden bis zu einigen Tagen. Das gilt auch für solitär lebende Arten wie z.B. *Chamaeleon calyptratus*, eine häufige Kontrolle ist aber erforderlich. Bei diesen Wiederholungen der Kopulationen wird vom Männchen vielfach die Seite der Annäherung an das Weibchen gewechselt und demzufolge auch der jeweils andere Hemipenis in die Kloake eingeführt. Ob damit die Sicherheit, dass die Spermien in beide Eileiter gelangen, vergrößert wird, ist nicht bewiesen, bestimmte Beobachtungen könnten dies aber annehmen lassen. So fanden wir bei einem durch Legenot gestorbenen Tier befruchtete Eier nur in einem Eileiter, der andere enthielt gelbliche, weiche, unbefruchtete Eier.

Normalerweise führt bereits eine Kopulation oder Kopulationsfolge zu einer Fortpflanzung. Es gibt aber auch Ausnahmen. Es ist möglich, dass ein Teil der Spermienmasse in einer speziellen Samentasche (Receptaculum

Abb. 42. *Chamaeleo jacksonii xantholophus*: Kopulation.

seminis, Abb. 45) des Eileiters gespeichert wird und dort für sehr lange Zeit lebensfähig bleibt, teilweise mehrere Jahre. Sie steht zur Zeit einer späteren erneuten Eireifung dann für eine Befruchtung zur Verfügung, ohne dass es zu einer erneuten Kopulation kommen muss. Für diese Befruchtungsverzögerung oder Vorratsbefruchtung, wie sie vielfach bezeichnet wird, wurde von KOPSTEIN (1938) die Bezeichnung **Amphigonia retardata** eingeführt. Sie ist inzwischen für eine Reihe von Reptilien bekannt. Für Chamäleons wurde sie von ATSATT (1953) erstmals beschrieben, und zwar für *Bradypodium pumilum*. In der Folge wurde sie für folgende Arten bekannt: *Chamaeleo africanus, Ch. calyptratus, Ch. chamaeleon, Ch. ellioti, Ch. hoehnelii, Ch. schubot-*

Abb. 43. *Furcifer pardalis*: Kopulation im Terrarium.

Abb. 44. *Furcifer pardalis*: Kopulation im Freiland (Färbung!).　　　Foto: A. Gutsche

*zi, Furcifer lateralis, F. pardalis* (nach NEČAS 1999), *Bradypodion setaroi* (MASURAT 1995). Zum heutigen Kenntnisstand siehe Tab. 8.7., S. 116. Die Amphigonia retardata ist biologisch von Vorteil bei ungünstigen Klimabedingungen sowie geringen Populationsdichten – die Fortpflanzung und damit Arterhaltung bleibt auch unter diesen Voraussetzungen erhalten. Es wäre für jeden Terrarianer verdienstvoll, durch eigene gesicherte und belegbare Beobachtungen zur Vermehrung des Wissens über diese fortpflanzungsbiologische Besonderheit beizutragen.

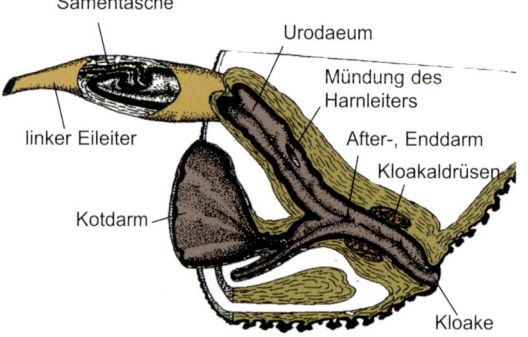

Samentasche
Urodaeum
Mündung des Harnleiters
linker Eileiter
After-, Enddarm
Kloakaldrüsen
Kotdarm
Kloake

Abb. 45. *Furcifer lateralis*: Kloakalbereich eines Weibchens (Längsschnitt) mit Samentasche und Darmabschnitten (nach SAINT GIRONS 1962, verändert).

Abb. 46. *Furcifer oustaleti*: Kopulation im Freigehege.

## 3.4. Trächtigkeit

Die **Eibildung** (Oogenese, Einzelheiten zum Thema Reptilienei siehe KÖHLER 1997) im Körper der Chamäleon-Weibchen setzt bereits vor Eintritt der Geschlechtsreife ein. Von *Chamaeleo calyptratus* ist bekannt, dass die Eientwicklung bereits einsetzt, wenn die Weibchen weniger als 1 Monat alt sind. Zur Zeit der 1. Paarung im Alter von 4 bis 5 Monaten sind sie zu 30 bis 50 % entwickelt ( FERGUSON 1995).

Die **Zeit der Trächtigkeit** beginnt auch bei den Chamäleons mit der Verschmelzung der Spermien mit den Eizellen, die sich nach der Ovulation im oberen Teil der Eileiter befinden, und endet mit dem vorläufigen Abschluss der Embryonalentwicklung auf einem je nach Art unterschiedlichen Frühstadium und der Ablage der Eier. Dazwischen liegt eine komplizierte Phase der Bildung der Eimembran, der in den meisten Fällen weichen Schale sowie der Furchung der Eizelle, der Bildung der Keimscheibe und der Entwicklung embryonaler Strukturen.

Chamäleons sind – im Prinzip – eierlegend. Sie legen weichschalige Eier in geeignete Substrate ab, wo sich die embryonale Entwicklung bis zum schlupfreifen Jungtier vollendet. Diese Form wird mit **Oviparie** bezeichnet.

Bei einem Teil der Arten, etwa 20 %, hat sich, wahrscheinlich unter dem Einfluss ungünstiger Umweltbedingungen, eine Verlängerung des Aufenthalts der Eier im mütterlichen Körper bis zum Abschluss der Embryonalentwicklung herausgebildet. Die Eier, die keine Schale bilden, sondern nur von einer durchsichtigen Membran umgeben sind, werden erst abgelegt, wenn der Embryo fertig entwickelt ist. Unmittelbar nach dem Austreten des Eies aus der Kloake zerreißt das Jungtier die Hülle und beginnt sein eigenständiges Leben. Man bezeichnet diese Form etwas unpräzise als lebendgebärend. Eingebürgert hat sich der Begriff Ovoviviparie, der etwas holperig mit eilebendgebärend verdeutscht wird.

Dieser Terminus ist jedoch undeutlich und bedarf der Präzision. PETZOLD (1982) hat, fußend auf den Arbeiten der französischen Embryologie (BERTIN 1952), in seinen grundsätzlichen Untersuchungen prinzipiell unterschieden zwischen

Ovuliparie: Ablage unbefruchteter Eier, die auf äußere Befruchtung angewiesen sind (Mehrzahl der Fische, Anuren),

Oviparie: Ablage befruchteter Eier oder schlupfreifer Embryonen, die keine mütterliche Ernährung erfahren haben (Panzerechsen, Schildkröten, Mehrzahl der Echsen),

Viviparie: Geburt von Föten, die im mütterlichen Organismus ernährt wurden (ohne – einige Skinke, Haie, Knochenfische – oder mit Hilfe einer Plazenta Säugetiere).

Bei der hier nur interessierenden Oviparie, die wie ausgeführt in zwei Varianten auftritt, schlägt PETZOLD im Sinne einer semantischen Korrektheit vor,

bei Eierlegern von (echter) Oviparie und

bei den sogenannten lebendgebärenden von Vivi-Oviparie zu sprechen.

**Vivioviparie** als Begriff wäre „mehr als eine bloße Umkehrung des gebräuchlichen Wortpaares; durch Subjektivierung des oviparen Modus wird ausgedrückt, dass kein prinzipieller Unterschied zwischen der bisher so genannten „Ovoviviparie" und „Oviparie" existiert". In allen Fällen handelt es sich um Eierleger – oviparen Formen -, nur bei einem Teil der Arten schlüpfen aus den Eiern sofort lebensfähige Jungtiere, deshalb die V o r silbe „vivi". Dem ist eigentlich nichts hinzu zufügen. Der Konservativismus in der Terminologie ist eigentlich unverständlich, ich plädiere für eine Wortwahl im Sinne von PETZOLD.

Trächtige Weibchen verändern ihr Verhalten. Sie werden unverträglicher gegenüber anderen Tieren, Artgenossen und vor allem Männchen. Auch bei solchen mit Paarbindung wird auf Distanz geachtet. Die Körperfarbe kann sich ändern, oft wird sie bunter, prächtiger, oder auf dunklem Untergrund erscheinen gelbliche oder orangefarbene Flecken. Diese artspezifischen Farbänderungen halten Männchen von Kopulationsversuchen ab. Um Störungen der Gravidität zu vermeiden, ist eine gesonderte Haltung angebracht.

Auffällig und erklärlich ist eine Zunahme des Futterbedarfs. Auch das Trinkbedürfnis erhöht sich. Darauf ist unbedingt zu achten. Die Futtermenge sei reichlich und abwechslungsreich, aber nicht übertrieben.

Zusätzliche Gaben von Vitaminen und Mineralstoffen, vor allem Kalzium-Gaben zur Prophylaxe einer Legenot, sind angebracht. Sie sind jedem Trinkwasser zuzugeben. (Siehe Abschnitt Zusatzstoffe, die dort genannten Möglichkeiten sind besonders gewissenhaft zu befolgen).

Abb. 47. *Chamaeleo jacksonii xantholophus*: hochträchtiges Weibchen.

Gewicht und Körperumfang nehmen stetig zu (Tab. 8.6., S. 115). Bei Arten mit großen Eizahlen kann man an den seitlichen Ausbuchtungen die Lage der Eier erkennen. Sie nehmen dann im Körper den meisten Raum ein, so dass für die Magen-Darm-Passage des aufgenommenen Futters immer weniger Platz verbleibt.

Gegen Ende der Trächtigkeit wird das Weibchen unruhig, wandert viel umher und schränkt seine Futteraufnahme ein, z.T. wird sie ganz eingestellt. Wichtig ist aber auch hier, ständig Wasser mit der Pipette anzubieten, das auch gierig aufgenommen wird.

Die **Dauer der Trächtigkeit** ist von Art zu Art und nach Größe der Tiere sehr unterschiedlich. Sie kann 4 Wochen betragen, sich aber auch über ein Jahr hinziehen. Bei Lebendgebärenden der Gattungen *Bradypodion* und *Chamaeleo* ist sie länger als bei Eierlegern.

Abb. 48. *Chamaeleo schubotzi*:
hochträchtiges Weibchen.

Über die **Häufigkeit der Trächtigkeit** der einzelnen Arten in der Natur ist nicht viel bekannt. Von 1 mal pro Jahr bis 4 bis 6 mal gibt es artspezifisch und in Abhängigkeit vom Alter alle Übergänge. Es gibt Arten, bei denen die Kopulationen unmittelbar nach den Eiablagen erfolgen und die deshalb ganzjährig trächtig sind. Lebendgebärende Arten wie *Chamaeleo jacksonii* mit einer Trächtigkeit von im Mittel 182 Tagen sind 2 mal im Jahr, Eierleger wie *Ch. calyptratus* oder *Furcifer pardalis* mit einer Trächtigkeit von im Mittel nur 30 Tagen sind 4 bis 6 mal trächtig. Angaben über Beobachtungen im Terrarium enthält Tab. 8.7., S. 116. Es versteht sich von selbst, dass sich die Abläufe im Freiland anders gestalten können.

Abb. 49. *Chamaeleo chamaeleon:*
Hochträchtiges Weibchen.      Foto: P. Kodym

Abb. 50. *Chamaeleo calyptratus:*
Trächtigkeitsfärbung.      Foto: I. Kober

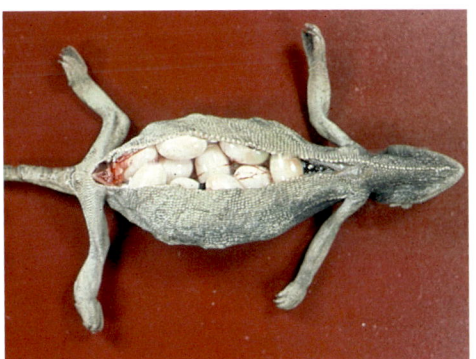

Abb. 51. *Chamaeleo dilepis*: geöffnete Bauchhöhle eines trächtigen Weibchens.
Foto: R. Ippen

**43**

## 3.5. Eiablage

Die Eiablage der Chamäleons unterscheidet sich im Prinzip nicht von der anderer Echsenarten. Sie wurde nur sehr viel später beobachtet und dokumentiert (z.B. v. FISCHER 1882, LANTZ 1924). Unterschiede ergeben sich durch die meist langsameren Bewegungsabläufe.

Die vom Weibchen gezeigte Unruhe deutet an, dass ein geeigneter Platz für die Eiablage gesucht wird.

Geeignet ist eine Stelle, die einen gewissen Sichtschutz bietet, sich also nicht frei und offen mitten im Terrarium befindet. Das kann eine Ecke sein, sich unter Pflanzen befinden oder neben Steinen. Ein bewährtes Mittel ist, mit einem größeren Stück Rinde die vom Weibchen aufgesuchte Stelle hohl zu überdecken, die Stelle wird in der Regel angenommen.

Wichtig ist auch die **Art des Bodengrundes**. Reiner Sand scheidet aus, es muss ein leicht bindiges Substrat sein, damit ein Gang oder eine Höhle nicht sofort zusammenfällt. Es empfiehlt sich eine selbst hergestellte Mischung aus Blumenerde ohne Zusatzstoffe mit leicht lehmigem Sand und Torf, die leicht feucht ist und fest angedrückt werden muss.

Auch der **Temperatur des Bodengrundes** ist Beachtung zu schenken. Sie kann niedriger als die gewohnte Lufttemperatur liegen, darf aber nicht unnatürlich kalt sein. Von Vorteil ist, wenn das Ablagesubstrat von oben nach unten ein Temperaturgefälle zwischen 30 und 20 °C aufweist. Das Weibchen kann dann den Bereich aufsuchen, der für die Art optimal ist.

Abb. 52. *Furcifer pardalis*: Weibchen beim Graben der Eiablagehöhle.   Foto: A. Gutsche

Schließlich ist die **Tiefe des Bodengrundes** von Bedeutung. Die einzelnen Arten deponieren ihre Eier in unterschiedlichen Tiefen. Als Mindestmaß der notwendigen Bodentiefe ist etwa die Gesamtkörperlänge des Weibchens anzusetzen. Arten aus Trockengebieten bevorzugen tiefere Stellen, in feuchten Gebieten werden die Eier oberflächlicher abgelegt. Da die Tiefe des Bodensubstrats vom Weibchen nicht abgeschätzt werden kann, muss der Pfleger entsprechend vorsorgen. In der Regel wird es nicht möglich sein, einen erforderlich tiefen Bodengrund im Terrarium einzubringen. Man kann sich helfen, indem man einen ausreichend tiefen und langen Behälter mit Bodensubstrat in das Terrarium stellt. Meist nehmen die suchenden Weibchen solche Hilfsmittel an. Man soll sich aber auch nicht scheuen, ein gesondertes Eiablage-Terrarium mit entsprechendem Bodengrund herzurichten. Im Gegensatz zur Kopulationszeit, in der die Männchen wandern und suchen, während die Weibchen sesshafter sind, kehrt sich das Verhalten der Weibchen zur

Eiablagezeit um. Es bedeutet für sie keinen Stress, in ein gesondertes neues, ungefähr ähnlich eingerichtetes Terrarium zu wandern, wenn es dort nur eine geeignete Stelle findet. Ist diese gefunden, beginnt das Weibchen mit den Vorderbeinen ein Loch zu graben, aus dem mit zunehmender Tiefe ein Gang wird. Dieser verläuft etwa mit einer Neigung bis zu 45° in die Tiefe. Hindernisse werden, wenn die erforderliche Tiefe noch nicht erreicht ist, umgangen. Ein Hindernis ist unter Terrarienbedingungen z.B. die Wand des Behälters, hier wird beim Graben einfach die Richtung geändert. Die gelockerte Erde wird jeweils nach hinten geschoben, wobei die Hinterbeine ebenfalls eingesetzt werden. Es kann bis zu 3 Tage dauern, bis die notwendige Länge, etwa der Körperlänge entsprechend, aber z.T. auch mehr, erreicht wird. Gegraben wird nur tagsüber, nachts verlässt das Tier meistens den Gang, um auf seinem angestammten Ast oder einem anderen in der Nähe zu schlafen.

Ist die erforderliche Tiefe erreicht, beginnt die **Eiablage**. Dazu dreht sich das Weibchen um, erweitert den Gang dabei zu einer kleinen Höhle und blickt nach oben zum Höhlenausgang. An der Stellung ist jeweils leicht zu erkennen, in welchem Stadium sich der Eiablageprozess befindet.

Die Eier werden in kontinuierlicher Folge abgelegt, begonnen wird meist abends oder nachts. Das Gelege bildet einen lockeren Ballen, der manchmal auch leicht miteinander verklebt ist. An der anfänglich klebrigen Eischale haften nicht selten Partikel des Substrats an.

Die Schale ist pergamentartig weich, da sie dadurch wasserdurchlässig ist,

Abb. 53. *Chamaeleo calyptratus:* Weibchen beim Graben einer Eiablagehöhle.
Foto: A. Calgua

Abb. 54. *Brookesia thieli*: Weibchen mit auf dem Moos abgelegten Ei.　Foto: A. Flamme

wird die Eiablage in einer Erdhöhle verständlich. Die Eigröße liegt zwischen 4 mm *(Brookesia minima)* und 20 mm *(Chamaeleo melleri)*, die Form ist meist oval, seltener rund *(Calumma parsonii)*.

Die Anzahl der Eier weicht zwischen den Arten stark voneinander ab: zwischen 2 und 4 Eiern *(Calumma*-Arten)

**45**

und 60 bis 80 (*Chamaeleo*-Arten, *Furcifer oustaleti*), gibt es alle Übergänge (Tab. 8.8., S. 119). Auch innerartliche Unterschiede sind bekannt. Die jeweils ersten Eiablagen eines Weibchens sind nicht so umfangreich, die Anzahl der Eier nimmt von mal zu mal zu.

Abb. 56. *Chamaeleo quadricornis*: Weibchen gräbt seine Eiablagehöhle zu.    Foto: U. Dost

Abb. 55. *Furcifer pardalis*: freigelegte Eier im Eiablagebehälter.

Abb. 57. *Chamaeleo calyptratus*: Gelege mit 47 Eiern, davon nur 17 befruchtete.

Nach der Ablage der Eier verlässt das Weibchen den Gang, schiebt die daneben liegende Erde mit Beinen und Kopf wieder vollständig in den Gang und ebnet die Stelle ein, so dass nichts auf den Eiablageort hindeutet. Wie stark zwingend dieser Ablauf der Endphase der Eiablage ist, zeigt eine eigene Beobachtung Anfang der 60er Jahre an einem fast 5 Jahre alten *Chamaeleo chamaeleon*. Nach der letzten Eiablage des schon altersschwachen Weibchens, das auch nicht mehr fraß, bemühte es sich mit seinen letzten Kräften, den Gang wieder zu füllen und die Oberfläche zu glätten. Unsere mehrfachen Bemühungen, es zu schonen und nach oben auf seinen Ast zu setzen, negierte es und wanderte immer wieder zum Eiablageplatz zurück und setzte sein Werk fort. Erst danach kroch es etwas beiseite und starb.

Abb. 58. *Chamaeleo calyptratus*: ungewöhn-
licher Eiablageort im Wurzelgeflecht von
*Ficus benjamina*.

Abb. 59. Lage des Geleges im geöffneten
Blumentopf.

Nach Abschluss der Eiablage ist das
Weibchen ausgiebig zu tränken, es erholt
sich dadurch wesentlich schneller.

Eine sehr anschauliche Schilderung
der Eiablage von *Chamaeleo dilepis*
unter Freilandbedingungen liegt von
WAGLER (1984) vor.

Vitale Weibchen nehmen im Terrarium bei Fehlen eines üblichen Eiab-
lageortes auch ungewöhnliche Stellen
an, wie z.B. *Chamaeleo calyptratus* den
stark durchwurzelten Blumentopf von
*Ficus benjamina* (Abb. 58/59).

Eine Brutpflege existiert bei Chamäleons nicht. Ein beobachteter kurzzeiti-
ger Aufenthalt des Weibchens in der
Nähe des Eiablageplatzes kann in dieser
Hinsicht nicht gedeutet werden.

Die vorstehenden Angaben – siehe
auch Tab. 8.8., S. 119 – gelten für die
Mehrzahl der Arten. Es gilt jedoch,
Abweichungen zu beachten.

Nicht alle Arten legen zur Eiablage
Gänge an. Die mehr oder weniger bodenbewohnenden Zwergchamäleons begnü-
gen sich damit, ihre Eier unter Rinde,
Ästen, Steinen, Blättern oder im Moos
abzulegen. Da das ziemlich unbemerkt
passiert, ist es u.U. schwer, diese Eier zu
finden.

Bei *Furcifer lateralis* stellt man
immer wieder fest, das die Weibchen
zwar Probegrabungen vornehmen,
schließlich aber ihre fertig entwickelten,
ablagereifen Eier wahllos auf dem
Bodengrund verstreuen. Das darf nicht
als normal verstanden werden. Normal
ist bei dieser Art die Anlage eines etwa
10 cm langen Ganges und Eiablage
darin. Das geschieht aber nur, wenn die
Bodentemperatur etwa 25 °C beträgt,
niedrige Werte stören den normalen
Ablauf. Dieser Temperaturbedarf scheint
aber z.B. nicht für *Furcifer campani* zu
gelten. Hier kam es bei uns unerwartet
zu einer ungestörten und erfolgreichen
Eiablage in 5 cm Tiefe und einer
Substrattemperatur von nur 14 °C.

Die Eiablage ist ein sehr komplexer Vorgang, der unter natürlichen Bedingungen maßgeblich von den Witterungsbedingungen gesteuert wird. Ihn zu erfassen, insbesondere im Hinblick auf die artspezifischen Unterschiede, bedarf noch eingehender Untersuchungen durch die Wissenschaft, aber auch durch die Terrarianer. Als positives Beispiel für das Bemühen um Klärung durch einen Terrarianer seien die Ausführungen von RIMMELE (1999) angeführt, der für *Furcifer pardalis* die gewonnenen Erfahrungen bei der Haltung und Vermehrung im Terrarium zu grundsätzlichen Überlegungen über die Abhängigkeit der Vermehrung von der Regenzeit, über Schlüpfzeiten, inaktiven Phasen während der Trockenzeit, Häufigkeit der Trächtigkeit, umweltabhängigen Embryonalzeiten, geschlechtsspezifischen Lebenserwartungen usw. genutzt und diese Gedanken auch öffentlich zur Diskussion gestellt hat.

Das leitet über zu dem gefürchteten Thema der **Störungen** der normalen Beendigung der Trächtigkeit durch die Ablage der fertig entwickelten Eier.

Eine Form ist das **Verwerfen der Eier**. Hierbei werden noch nicht fertig entwickelte Eier wahllos ausgestoßen und im Terrarium verstreut. Diese lassen sich nicht zur Weiterentwicklung bringen. Ein fließender Übergang zum vorstehend geschilderten Verhalten von *Furcifer lateralis* lässt sich feststellen.

Die andere, weit häufigere Form ist die **Legenot** (Dystokie, Egg-binding). Es kommt immer wieder vor, dass das Weibchen zum Ende der Trächtigkeit ein unnormales Verhalten zeigt: es wandert tagelang unruhig umher, prüft den Bodengrund, gräbt aber nicht, bleibt schließlich apathisch sitzen. Das muss nicht gleich besorgniserregend sein, kann sich doch der Eiablagetermin um Tage, sogar Wochen verschieben (Tab. 8.7., S. 116), ohne dass die Vitalität des Weibchens Schaden nimmt. Es ist aber eine ständige sorgfältige Kontrolle erforderlich. Zeigen sich weitere Symptome wie Atemnot (in diesen Fällen verursacht durch Druck eines übergroßen Geleges auf die Lungen) oder Austrocknung (Augenhöhlen, Becken-/Schwanzbereich) oder Ausstoß vereinzelter Eier, oder Kloaken- bzw. Eileitervorfall, oder ödemartige Schwellungen im Hals- und Schulterbereich), ist es für einen natürlichen Ablauf der Eiablage zu spät. Durch sofort einzuleitende Maßnahmen kann nur versucht werden, das Gelege zu retten oder, wenn das nicht möglich ist, das Muttertier am Leben zu erhalten (Tab. 8.9., S. 122).

Die ersten **Maßnahmen** können vom Terrarianer selbst durchgeführt werden. Dazu gehört primär die kurzfristige Erhöhung der Umgebungstemperatur bis etwa 30 °C (maximal 35 °C) und der Luftfeuchte, auch ein warmes Bad kann in Erwägung gezogen werden. Nach Einträufeln von Wasser in die Kloake als Gleitmittel sind sanfte Massagen angebracht, um den Stoffwechsel anzuregen und bestehende Muskelverspannungen zu lösen. Ölhaltige Gleitmittel empfehlen sich nicht, weil ein Ölfilm auf den Eiern deren weitere Entwicklung stört. Besteht der Verdacht einer Unterversorgung mit Zusatzstoffen, empfiehlt sich in Zusammenarbeit mit einem Tierarzt eine mehrfach wiederholte Gabe von Kalzium und Vitaminen (10 mg Kalziumlaktat und 200 I.E. Vitamin $D_3$ in W a s s e r per os, oder auch von 300 µg Vitamin $B_{12}$ jeweils auf 100 g

Körpergewicht in den Schwanz per Injektion, NEČAS 1999). Ausdrücklich sei darauf verwiesen, dass die Applikation von Vitamin $D_3$ in reiner Form auf Reptilien toxisch wirkt (MOYLE 1989, zitiert von HORN 2003).

Bleibt der Erfolg aus, sind alle weiteren therapeutischen Maßnahmen unbedingt in die Hand eines erfahrenen, auf Reptilien spezialisierten Tierarztes zu geben. Durch Röntgenaufnahmen sind Lagebedingungen und Zustand der Eier abzuklären. Sind keine Abweichungen von der Norm fest zu stellen, wird meist eine Hormonbehandlung eingeleitet. Gute Erfahrungen liegen vor mit der subkutanen oder intraperitonealen Applikation von Kalziumglukonat (0,2 bis 0,5 ml/100 g Körpergewicht) und anschließend dem wehenauslösenden Hormon Oxytocin (1 bis 3 I.E./100 g Körpergewicht). Die Angaben über die Dosierung schwanken beträchtlich, eine exakte Dosierung ist bei den poikilothermen, also wechselwarmen Chamäleons schwer zu ermitteln, eine Überdosierung aber bei vorstehender Dosierung nicht zu befürchten. Erfahrungen, z.T. bessere, liegen auch mit anderen Hormonpräparaten vor, z.B. Vasotocin. Die Wirkung setzt manchmal schon nach 10 min ein, kann sich aber auch verzögern.

Wenn eine Eiablage nach 24 bis 48 h immer noch nicht erfolgt ist, sind chirurgische Maßnahmen erforderlich. Da wäre als erstes die operative Eröffnung des Eileiters und Entnahme der Eier zu nennen. Geschieht das frühzeitig genug, sind die Embryonen möglicherweise noch nicht abgestorben. Versuche, die Eier zur Weiterentwicklung zu bringen, sind durchaus lohnend. Eigene Erfolge bei *Chamaeleo chamaeleon* bezeugen dies. Auch wenn die Embryonen bereits abge-

storben bzw. die Eier deformiert oder zu groß sind, stellt diese Maßnahme eine Rettung nicht nur des Muttertieres dar, auch spätere erneute Trächtigkeiten sind trotz des operativen Eingriffs möglich.

Sind durch eine bereits eingetretene Zersetzung der Eier die Schäden bereits irreparabel, hilft nur die operative Entfernung der beiden Eileiter, um wenigstens das Leben des Weibchens zu retten.

Jeder Terrarianer, bei dessen Tieren Legenot auftritt, muss sich die Frage nach den **Ursachen** stellen. Legenot ist ja keine normale Erscheinung, sondern vermeidbar. Ein größerer und schwerer durchschaubarer Ursachenkomplex ist nichtinfektionärer Art. Da spielen einmal **psychische Faktoren** eine Rolle. Stress beim Fang, Transport, Umsetzen beim Handel oder Besitzwechsel können nachhaltig wirken. Bei der Haltung wirken sich alle Fehler negativ aus, also Gemeinschaftshaltung und Übersetzung (Handel), Unruhe im Terrarienraum oder bei Terrarienaustellungen, falsche Einrichtung des Terrariums, falsche Klimabedingungen, nicht sachgemäßer Eiablageplatz, Belästigungen durch Männchen.

Zum anderen spielt der allgemeine **körperliche Zustand** des Weibchens eine Rolle. Gesunde, optimal ernährte (aber nicht überfütterte) und mit Vitaminen und Mineralstoffen ausreichend versorgte Weibchen sind die wichtigste Voraussetzung für die normale Bildung und Ablage der Eier. Trächtigkeit unmittelbar nach Eintritt der Geschlechtsreife stellt eine besondere Belastung des Organismus dar und kann zu einer Schwächung führen. Besonders große Gelege beanspruchen den Stoffwechsel in erheblichem Maße. Der Anteil der Gelege am Körpergewicht der Weibchen kann um die 30 % betragen (eigene Messungen an *Chamaeleo chamaeleon* sind aus Tab. 8.6. ersichtlich). Kalziummangel, schon an sich bedenklich, kann durch die Trächtigkeit zu Legenot und zum Tode führen. Auch eine geringe Unterversorgung kann z.B. die Schalenbildung und die Funktion der Muskeln (einschließlich Eileiter) beeinträchtigen.

Schließlich können lokale **funktionelle Störungen** im Bereich der Eileiter zu einer akuten Legenot führen. Bei Wildfängen kann man nicht selten feststellen, dass der robuste Umgang der Fänger mit den Tieren zu inneren Verletzungen geführt hat. Durch den Druck der Finger im Beckenbereich werden Eileiter oder Eier zerdrückt und es kommt zu Entzündungen im Bauchraum, die in der Regel zum Tode führen. Solche Schäden können aber auch durch Beißereien verursacht sein. Auch deformierte oder zu große Eier, geplatzte oder nicht ausreichend verfestigte Schalen können die Ablage blockieren. Angeborene Missbildungen im Bereich Eileiter und Kloake sind seltener.(siehe auch Ippen et al. 1985; Sassenburg 1992, Hausemann 1996).

Letztlich ist an **infektiöse Einflüsse** zu denken. Das Vorhandensein von Bakterien (*Pseudomonas* sp, *Aeromonas sp, Salmonella* sp.) oder Endoparasiten kann sich auch auf die Fortpflanzungsorgane negativ auswirken.

## 3.6. Inkubation der Eier

Die weitere Entwicklung des Chamäleoneies stellt einen empfindlichen Zeitabschnitt innerhalb der Fortpflanzung dar. Die Weichschaligkeit ist nicht nur für den Temperatur- und Gasaustausch – das gilt bekanntlich auch für hartschalige Reptilieneier – sondern zusätzlich auch für den Wasseraustausch von besonderer Bedeutung. Das Weibchen sorgt durch Auswahl der Ablagestelle dafür, dass das Milieu optimale Bedingungen bietet. Wurden diese vom Terrarianer geschaffen, wird der Ablageplatz auch akzeptiert.

Es ist jedoch selten möglich, diese Bedingungen im Terrarium über einen längeren Zeitraum zu halten und den Zustand der Eier zu überwachen. Deshalb müssen die Eier unmittelbar nach der Ablage dem Ablagesubstrat entnommen werden. Dazu wird das Substrat vorsichtig schichtweise durchsucht. Es kommt vor, dass die Eier ver-

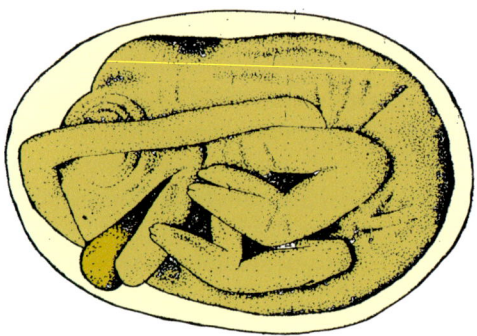

Abb. 60. *Chamaeleo laevigatus*: Embryo im Ei im Alter von 15 Wochen (nach Uetz 1983).

streut im Boden abgelegt oder durch die Grabetätigkeit des Weibchens verteilt wurden. In der Regel finden sie sich jedoch als Haufen am Ende des nun nicht mehr erkennbaren Ganges.

Die **Entnahme der Eier** sollte so bald als möglich erfolgen. Im Gegensatz zu Vogeleiern, die mit Hilfe der Hagelschnüre Lageveränderungen über längere Zeitabschnitte ausgleichen können, ist das bei Reptilieneiern nicht der Fall. Bei diesen fehlen die Hagelschnüre, Dotter und Embryo nehmen nach einigen Stunden eine feste Lage ein, der Embryo verwächst mit der Oberseite des Eies und ist (mit Ausnahmen) gegen Lageveränderungen während des ersten Drittels der Inkubationsperiode äußerst empfindlich (KÖHLER 2004).

Wenn auch spezielle Untersuchungen nicht durchgeführt wurden, dürften für Chamäleoneier die gleichen Bedingungen gelten. Bei eigenen Aufzuchten waren alle Handhabungen (Entnahme der Eier, Begutachtungen, Überführung in den Inkubator) innerhalb der ersten 24 Stunden trotz Lageveränderungen ohne Nachteil. Das gilt auch für den letzten Abschnitt der Inkubation. So wurden Eier von *Chamaeleo calyptratus*, durch Betreuerwechsel bedingt, in den letzten 2 Wochen vor dem Schlupf transportiert, erschüttert, gedreht, gewaschen und unterschiedlichen Temperaturen ausgesetzt; aus ihnen schlüpften nach Übergabe an uns trotzdem gesunde Jungtiere.

Die entnommenen Eier werden begutachtet. Befruchtete Eier sind prall und fast weiß. Eingedellte, gelbliche Eier sind meist unbefruchtet, kleinere Eier lassen Entwicklungsstörungen vermuten, sie werden aussortiert. Ein Säubern

der Eier durch Abwaschen ist nicht angebracht, weil eine gewisse fungizide Wirkung der auf der Eioberfläche befindlichen Stoffe anzunehmen ist.

Die Eier werden in einen gesonderten **Substratbehälter** überführt. Geeignet sind durchsichtige Kunststoffdosen mit Deckel, wie sie auch im Haushalt verwendet werden. In den Deckel sind Löcher zu bohren, sie ermöglichen den Luftaustausch.

Als Substrat, in das die Eier zu überführen sind, wurden in der Vergangenheit die verschiedensten Materialien getestet. Sand, Erde, Holzspäne, Rindenmulch scheiden aus, weil die Wasserspeicherung fehlt oder sich ungünstig auswirkt. Besser sind schon Torf, Torf-Sand-Gemisch, Schaumstoffplatten oder Blumensteckmassen mit Vertiefungen für die Eier, kleine Schaum-

Abb. 61. *Chamaeleo dilepis*: Gelege (53 Eier) im Substratbehälter.

stoffwürfel oder poröse Tonkörnchen (Seramis). Allgemein hat sich jedoch durchgesetzt, auch bei uns, **Vermiculit** zu verwenden. Dabei handelt es sich um ein Tonmineral, chemisch um ein Mg-Fe-Al-Schichtsilikat, welches durch einen Glühprozess sein Volumen um das bis 25fache vergrößert hat.

Vermiculit kann durch seine Porigkeit Wasser in starkem Maße aufnehmen und gibt es nur langsam wieder ab und ist trotzdem gut durchlüftet – ideal für den Feuchtigkeitsanspruch und damit für die Entwicklung der Chamäleoneier.

Es ist außerdem steril und kann jederzeit durch Erhitzen wieder sterilisiert werden. Vermiculit liegt als Granulat vor, die kleineren Partikelgrößen (< 4 mm) sind zu wählen. Zu bedenken ist, dass Vermiculit als wärme- und schalldämmendes Material im Gebäude- und Flugzeugbau verwendet wird und deshalb vielfach mit bioziden Zusätzen versehen wird. Diese wirken sich natürlich als Gift auch auf die Entwicklung der Eier aus, was auch wir anfangs erfahren mussten. Beim Erwerb muss man sich über das Fehlen von Zusätzen Gewissheit verschaffen.

Vor der Verwendung ist das Vermiculit zu wässern und danach das Wasser gut auszudrücken. Wie stark, ist Erfahrungssache. Wer es exakt haben möchte, kann mit Hilfe eines Tensiometers das Wasserpotential des Vermiculits messen. Die Substratfeuchtigkeit sollte für Chamäleon-Eier zwischen -200 und -600 kPa liegen, Einzelheiten siehe Köhler (2004). Im Substrat darf sich kein freies Wasser befinden.

Das Vermiculit wird in den Substratbehälter eingeschichtet und die Eier etwa bis zur Hälfte mit einem geringen Abstand von Ei zu Ei eingesenkt. Diese Lage der Eier ist sehr wichtig. Dadurch wird sichergestellt, dass an der Oberseite der Eier die notwendige Sauerstoff-Kohlendioxid-Diffusion stattfinden kann und an der Unterseite durch Kontakt zum Substrat die Feuchtigkeitsaufnahme. Die Einzellagerung dient der besseren Kontrolle über den Zustand der Eier; verpilzte Eier können besser erkannt und entnommen werden, ein Übergreifen der Verpilzung auf benachbarte Eier wird vermieden. Bei Lagerung dicht an dicht wurde z.B. bei *Chamaeleo calyptratus* eine bis zu 20%ige Verringerung der Schlupfrate, geringere Größe der Schlüpflinge und eine höhere Sterberate festgestellt (Nečas 1999), was eigentlich unnatürlich und schwer verständlich ist.

Abb. 62. *Chamaeleo dilepis:* Gelege im Substratbehälter.                    Foto: U. Dost

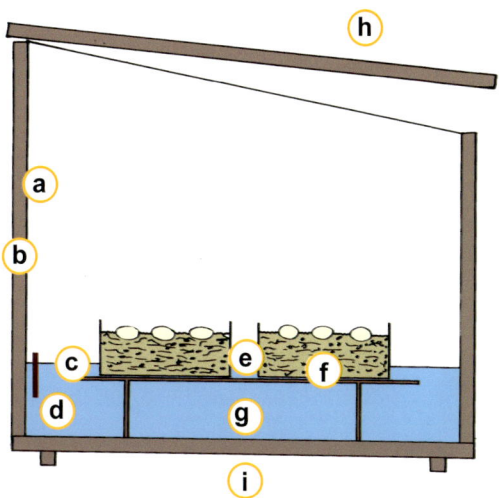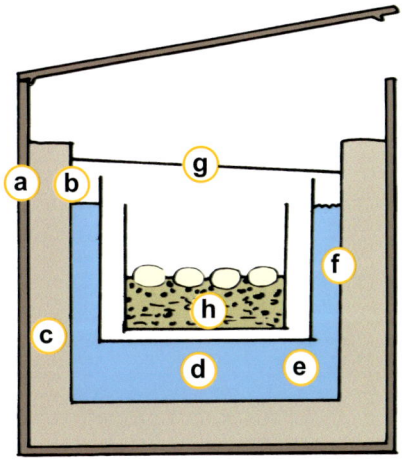

Abb. 63 und 64. Inkubatoren (Beispiele).
Abb. 63. Eigenbau. Es bedeuten
a: Glasbehälter mit angeschrägter Seiten-
kante; b: Wärmedämmung durch Styropor-
platte; c: gelochte Plexiglasplatte zur Aufnahme der Substratbehälter; d: Messfühler oder
Thermometer zur Regelung der Wassertem-
peratur; e: Substratbehälter; f: Vermiculite mit
Eiern; g: Wasser;  h: Glasplatte mit Styropor
als Deckplatte; i: elektrische Wärmeplatte.

Abb. 64. Inkubator (Eigenbau): Vorschlag von
OCHSENBEIN & ZAUGG 1992. Es bedeuten
a und b: Kunststoffbehälter;  c: dazwischen
eingeschäumter Polyurethanschaum;
d: Aquarienheizer; e: Wasser; f: schwim-
mendes Wasserbecken, verkeilt;  g: schräge
Glasplatte als Deckel; h: Subtratbehälter mit
Perlit und Eiern.

Schilder mit wasserfesten Angaben über Artname und Inkubationsbeginn sollten nicht fehlen. Der Substrat- behälter wird dann mit Deckel in einen Brutapparat gestellt. Eine regelmäßige Kontrolle muss durchgeführt werden.

Brutapparate, so genannte Inkuba- toren, haben sich im Verlauf der Ent- wicklung der Terraristik  zu immer bes- seren Geräten vervollkommnet. Am Ende der Konstruktionsreihen stehen vollautomatisch arbeitende Brutschrän- ke, in denen durch elektronische Sen- soren alle wichtigen Parameter, also Temperatur, Substrat- und Luftfeuchte,

genau eingestellt und durch Luft- umwälzung exakt gehalten werden kön- nen. Für Massenzuchten haben sich diese Geräte bewährt, sie sind jedoch für die hier abzuhandelnde Thematik über- dimensioniert und in der Anschaffung zu teuer.

In der Praxis wurden und werden meistens Eigenbau-Konstruktionen be- vorzugt. Dabei handelt es sich um Behältnisse aus wasserunempfindlichen, nichtrostenden  Materialien, also z.B. Polystyrol-Schaum (Styropor) oder Glas, in denen die erforderliche Temperatur und Luftfeuchte hergestellt werden (Abb. 63 und 64).

Bezüglich der Temperaturerzielung unterscheidet man zwei Typen:

• beim ersteren wird unter der Abdeckung ein Heizelement angebracht, die Wärme wirkt also als Luftströmung von oben nach unten,

• bei der anderen Form wird Wasser mit einer Heizplatte oder –matte oder einem Aquarienheizstab erwärmt, die Wärme wirkt also gleichmäßig von allen Seiten.

Abb. 65. Inkubator, Eigenbau (s.a. Zeichnung 63).

Beide Typen haben ihre Vor- und Nachteile.

Beim ersten Typ, auch Flächenbrüter genannt, muss der Abstand zwischen Eiern und Heizquelle beachtet werden, damit die Eier sich nicht überhitzen und austrocknen. Dem muss beim Bau bereits Rechnung getragen werden. Zur Erzielung der Luftfeuchte ist ein gesonderter Wasserbehälter einzustellen, dessen Wasserdampfabgabe jedoch gering ist.

Bei dem anderen Typ, auch Aquariummethode genannt, muss der Inkubator wasserdicht sein. Die Substratschale mit den Eiern muss erhöht gestellt werden. Die Gefahr, dass das Substrat, in dem die Eier liegen, austrocknet, weil ja die Wärme auch von unten kommt, ist größer. Die Wasserdampfbildung ist stark, so dass es leicht zur Tropfenbildung kommen kann. Zwischen beiden Typen gibt es je nach handwerklicher Geschicklichkeit und Ansicht des Terrarianers Unterschiede. Flächenbrüter werden auch vom Handel angeboten.

Eigene Erfahrungen liegen mit einer etwas modifizierten Form der Aquarienmethode vor (Abb. 63 und 65). Der Behälter steht auf einer Heizplatte, der Temperaturfühler des Thermostaten befindet sich im Wasser. Der Substratbehälter mit den Eiern steht auf einer gelochten Plexiglasscheibe, die sich etwas über dem Wasserspiegel befindet. Als Abtropfscheibe, die wegen des Kondenswassers wichtig ist, wurde nicht eine gesonderte Scheibe eingelegt, sondern der gesamte Deckel schräg angepasst. Zur Vermeidung von Wärmeverlusten wurde der gesamte Behälter mit Styroporplatten verkleidet, auch die Oberseite zur Abdunklung. Letzteres imitiert die Dunkellagerung der Eier unter natürlichen Bedingungen – ob erforderlich, wurde nicht ermittelt.

Man muss sich immer vor Augen führen, dass diese Art der Behandlung der Eier ein Kompromiss ist. In der Natur sind die Eier nach der Ablage meist miteinander verklebt, bilden einen Ballen und liegen ohne Luftblase im Boden – Bedingungen, die im Inkubator schwer zu schaffen sind. Dass sie auch zu normalen Schlupferfolgen führen können, geht aus Versuchen hervor, die Eier von *Furcifer pardalis* im Ablagegefäß zu belassen (RIMMELE 1999) oder sie im Inkubator einzuschichten (OCHSENBEIN & ZAUGG 1992). Es sind auch Fälle bekannt, bei denen die geschlossenen Behälter mit den Eiern einfach auf die Deckscheibe von Warmwasseraquarien gestellt wurden, wobei der Luftaustausch durch die ständige Kontrolle erfolgte, oder Eier versteckt in den Terrarien verblieben und sich der erwartete Schlupferfolg auch einstellte.

Als nächstes ist das für die Art erforderliche **Temperaturregime im Inkubator**, über das man sich vorher zu informieren hat, einzustellen. Grundsätzlich ist zu sagen, dass in den letzten Jahren erkannt wurde, dass in der Vergangenheit meist mit viel zu hohen Temperaturen gearbeitet wurde. Hier liegt eine Parallele zur Haltung der Chamäleons vor. Hielt man adulte Chamäleons, "weil sie ja aus den Tropen stammen", in der ersten Hälfte des vorigen Jahrhunderts immer bei zu hohen Temperaturen, glaubte man später bei den ersten Versuchen mit der Vermehrung, die Eier würden in der Erde die gleichen höheren Temperaturen benötigen, wie sie in der Luft herrschen. Es wurden sogar 28 °C empfohlen. Beides führte zu Misserfolgen. Diese bestanden darin, dass z.B. bei zu hohen Temperaturen die Embryonen sich viel schneller entwickelten als normal, kleiner blieben und sich später als weniger vital erwiesen (*Chamaeleon montium* bei Inkubator-Temperaturen von konstant

25 °C oder *Bradypodion fischeri* bei konstant 26 °C), missgebildet waren oder im Ei abstarben (z.B. *Brookesia* sp. bei Temperaturen über 28 °C). Niedrigere Temperaturen, etwa unter 24 °C, bewirken zwar längere Entwicklungszeiten, sind aber für den Erfolg der Vermehrung günstiger.

Beachtet werden muss, dass im Inkubationssubstrat eine möglichst gleichmäßige Temperatur herrscht. Wenn sich ein Gefälle einstellt, dann von oben nach unten. Erwärmung von unten entspricht nicht den natürlichen Gegebenheiten. Dieser Umstand ist bereits bei der Konstruktion der Inkubatoren zu berücksichtigen.

Neben der Temperaturhöhe sind unterschiedliche Abläufe während der Inkubationszeit zu bedenken:

- es gibt Arten, die während der gesamten Zeit eine wenig schwankende Temperatur benötigen,
- es gibt solche, die einen Wechsel zwischen Tag und Nacht benötigen bzw. tolerieren,
- und schließlich solche, die einige Zeit (Wochen) höhere, dann niedrigere und schließlich wieder höhere Temperaturen benötigen.

Einzelheiten, soweit bekannt, siehe Tab. 8.10., S. 123).

Die Gründe für diese unterschiedlichen Ansprüche sind aus den klimatischen Bedingungen der Herkunftsorte abzuleiten.

Abb. 66. *Furcifer pardalis*: Größenzunahme der Eier während der Inkubation.

Der Anspruch auf gleichmäßig hohe Temperaturen dürfte der Regelfall sein, er betrifft alle Arten aus Gebieten ohne größere Klimaschwankungen (Niederungen der Tropen, Regenwälder o.ä.) sowie Arten, bei denen die Entwicklungszeit der Eier in einen Abschnitt gleichmäßigen Witterungsverlaufs fällt.

Ein notwendiger Temperaturwechsel im Inkubator zwischen Tag und Nacht, gleichzusetzen mit einer Absenkung in der Nacht, dürfte die große Ausnahme sein. Im Normalfall sinkt die Bodentemperatur am natürlichen Eiablageort nur unmerklich ab, etwa um 1 °C in der Tiefe der abgelegten Eier, also in etwa 20 cm Tiefe. Das gilt insbesondere für Eiablagestellen unter einer Vegetationsschicht, unter Blattwerk o.ä.. Das dürfte nur von geringer stimulierender Wirkung sein. Nur bei Arten aus den gemäßigten Zonen (rund um das

Mittelmeer, Küstenbereich Südafrikas) sowie aus Gebirgslagen dürfte die Tag-Nacht-Schwankung der Lufttemperaturen groß genug sein, um sich auch auf die Bodentemperaturen auszuwirken. Messungen in Wüsten und Gebirgsregionen der Sahara (MÜLLER 1999) zeigen jedoch, dass auch an diesen Extremstandorten die täglichen Temperaturschwankungen in 20 cm Tiefe nur zwischen 2 und 3 °C betragen können (Tab. 8.11., S. 127).

Erfolgsberichte in der Literatur über Eizeitigungen mit stärker unterschiedlichen Tag-Nacht-Temperaturen dürften zu einem Teil mit der Experimentierfreudigkeit von Terrarianern zusammen hängen, die mit einer gleichmäßig hohen Temperatur keine Erfolge erzielt haben. Die Frage, ob Arten einen stärkeren Temperaturwechsel benötigen oder lediglich tolerieren, ist bisher nicht eindeutig zu beantworten. Auch gleichmäßige Temperaturen führten vielfach zum Ziel. Die Bemühungen, dem Mikroklima am natürlichen Standort entsprechend zu verfahren, sind sicher zu befürworten.

Eindeutig verhält es sich mit der dritten Form. Bei Arten mit einer langen Entwicklungszeit der Eier fällt diese meist mit einem Wechsel der Jahreszeiten zusammen, also Sommer-Winter-Sommer oder Regenzeit-Trockenzeit-Regenzeit mit entsprechend unterschiedlichen Lufttemperaturen. Diese Unterschiede wirken sich wegen der längeren Dauer der Zeitabschnitte auch auf die Bodentemperaturen aus. Artspezifische Angaben enthält die Tab. 8.10., S. 123.

Die Ansprüche der einzelnen Arten hinsichtlich der Temperatur sind genetisch fixiert, es muss auf sie Rücksicht genommen werden. Daraus leitet sich ab, wie wichtig die Kenntnis der Daten über die Herkunft der zur Fortpflanzung zu bringenden Art und über die meteorologischen und vor allem kleinklimatologischen Bedingungen dort ist.

Für die Wahl der einzustellenden Temperatur innerhalb der optimalen Von-Bis-Spanne ist noch ein weiterer Gesichtspunkt von Interesse. Außer der als Regel zu betrachtenden genotypischen Geschlechtsdetermination, bei der das Geschlecht der Jungtiere bereits bei der Verschmelzung von Ei- und Spermienzelle über die Geschlechtschromosomen festgelegt wird, wurde bei einigen Reptilienarten festgestellt, dass es auch eine phänotypische Geschlechtsdetermination gibt, für die Umwelteinflüsse während der Embryonalentwicklung verantwortlich sind. So schlüpfen bei höheren Temperaturen während der Inkubation der Eier z.B. bei vielen Schildkröten-Arten mehr Weibchen als Männchen (Typ 1), bei einigen Krokodilarten sowie Geckos der Gattungen *Eublepharus, Rhacodactylus* u.a. bei höheren Temperaturen mehr Männchen (Typ 2), oder bei höheren und niedrigeren Temperaturen nur Weibchen und nur im mittleren Bereich Männchen (Typ 3) (KÖHLER 2004, RÖLL & HENKEL 2003). Für diese temperaturabhängige Geschlechtsdetermination gibt es für Chamäleons bisher nur Vermutungen. Sie betreffen *Chamaeleo chamaeleon*, weil bei Inkubationstemperaturen von 27 bis 29 °C mehr Weibchen schlüpften (SCHMIDT et al. 1996) sowie *Ch. calyptratus,* hier liegen Eizelbeobachtungen vor (NEČAS 1999), bisher aber keine Beweise. Entsprechende Versuche wurden anscheinend nicht angestellt.

## Kontrolle der Eier

Die Eier im Inkubator sind, wie bereits betont, ständig zu kontrollieren. Eingefallene Eier sind zu entfernen. Ist die Eischale verpilzt, ist eine Entscheidung über das Vorgehen nicht leicht, da es sich nur um eine oberflächliche Myzelbildung handeln kann. Wir haben einmal uns überlassene Eier von *Chamaeleo calyptratus*, die oberflächlich völlig verpilzt waren, ziemlich robust mit warmem Wasser gewaschen, aus ihnen schlüpften nach einiger Zeit trotzdem gesunde Jungtiere. In der Regel müssen aber verpilzte Eier entfernt, zumindest aber isoliert werden.

Die entwicklungsfähig erscheinenden Eier sollten bei den Kontrollen so wenig wie möglich bewegt werden. Insbesondere ist eine Drehung um die Längsachse zu vermeiden (siehe die Ausführungen zur Lageveränderung).

Bei der Kontrolle der Eier ist auch der Feuchtegehalt des Vermiculits zu überprüfen. Nach längerer Zeit kann er stärker abgesunken sein. Der Wasserverlust wird mittels einer Pipette ersetzt, wobei das Wasser ohne Benetzung der Eier auf den Grund des Substratbehälters geleitet wird und so kapillar aufsteigen kann. Direkter Kontakt der Eischale mit Tropfwasser, auch von der Abdeckung des Inkubators, ist zu vermeiden. Das Wasser würde in zu großer Menge vom Ei aufgenommen werden, es käme zu Entwicklungsstörungen, zum Absterben des Embryos, manchmal zum Platzen des Eies.

Eine interessante Erscheinung ist die Größen- und Gewichtszunahme der Eier während der Inkubation. Sie ist auf die normale Wasseraufnahme aus dem Substrat und das Wachstum des Embryos zurückzuführen. Bis zu 100 % der Ausgangsgröße können erreicht werden. Bei *Furcifer pardalis* z. B. wurden Zunahmen von 14,0 bis 16.4 x 8,0 bis 9,5 mm auf 28,1 x 15,0 mm sowie 0,6 auf 18 bis 20 g (OCHSENBEIN & ZAUGG 1992) bzw. 12 x 4 auf 20 x 10 mm (eigene Messungen) ermittelt.

Im zeitlichen **Ablauf der Embryonalentwicklung,** der noch nicht völlig bekannt ist, gibt es Unterschiede. Meist liegt ein kontinuierlicher Fortschritt von der Eiablage bis zum Schlupf vor. Insbesondere bei den Arten, die auf saisonale Temperaturunterschiede reagieren müssen, wurden dagegen verschiedene Entwicklungsperioden fest gestellt. Im ersten Abschnitt, der nach der Ablage folgt, entwickelt sich der Embryo gar nicht oder nur wenig. Anschließend folgt ein Stillstand, der mit dem kühleren Temperaturabschnitt der Inkubation übereinstimmt. Mit der folgenden Erwärmung setzt dann eine erneute beschleunigte Entwicklung ein, die mit dem Schlupf abgeschlossen wird.

So legt *Furcifer pardalis* seine Eier in einem frühen Entwicklungsstadium ab, die Eier können in diesem Zustand verbleiben, bis die Entwicklung, von der Witterung gesteuert, wieder einsetzt.

Besonders deutlich wird das bei *Chamaeleo chamaeleon* (europäische Herkunft). Bei den Männchen verzögert sich hier die Spermatogenese bis etwa Juni, so dass Kopulation und Eiablage erst im Spätherbst stattfinden. Die Entwicklung der Embryonen verzögert

Abb. 67. *Chamaeleo calyptratus:* Schwitzendes Ei.        Foto: U. Dost

sich über den Winter und setzt erst etwa April/Mai ein. Die Jungen schlüpfen dann im Juli bis August. Die Embryonalentwicklung dauert also etwa 100 Tage, bei einer Inkubation der Eier muss man demzufolge mit 240 bis 270 Tagen rechnen (s.a. KLAVER 1981). Dass dieser Reproduktionszyklus durch die Bedingungen im Terrarium stark abgewandelt werden kann, beweisen die Erfahrungen von Terrarianern, die von kürzeren Inkubationszeiten (130 bis 190 Tage) berichten, wobei unklar bleibt, ob es sich dabei um Tiere europäischer oder nordafrikanischer Herkunft gehandelt hat. Hier wird aber auch deutlich, dass die möglichen Abweichungen mit der Größe der natürlichen Verbreitungsgebiete zunehmen können, was übrigens auch für *Ch. dilepis* gilt.

Es zeigt sich, wie wichtig die Einhaltung der naturgegebenen Bedingungen ist! Kennt man sie nicht oder ignoriert man sie, könnten Misserfolge vorprogrammiert sein.

Abb. 68. *Furcifer pardalis*: Durch den Eizahn aufgeschlitzte Eischale.

Das Ende der Inkubationszeit (Entwicklungszeit der Embryonen) kündigt sich bei vielen Arten durch das Austreten von Wassertropfen auf der Eischale an, dem so genannten Schwitzen. Es kann sich über Stunden hinziehen, aber auch einige Tage anhalten. Es kann aber auch ausbleiben, wie HÖVELER (1999) bei *Chamaeleo wiedersheimi perreti* feststellte. Gleichzeitig fällt das Ei stellenweise ein. Der Schlupf steht unmittelbar bevor. (Siehe zum Abschnitt Inkubation auch KÖHLER 2004)

## 3.7. Der Schlupf der Jungtiere

Die normalen Entwicklungszeiten der Eier sind von Art zu Art sehr unterschiedlich. Sie liegen etwa bei

- Stummelschwanzchamäleons im Bereich von 45 bis 80 Tagen,
- bei echten Chamäleons im Bereich von 90 bis 380 Tagen.

Die erste aktive Lebensäußerung des Jungtieres besteht darin, die Eischale an einer Spitze aufzuschlitzen. Das geschieht mit Hilfe des unpaar angelegten Eizahns, eines Dentingebildes des Zwischenkieferknochens. Durch die Schlitze fließt als erstes Flüssigkeit aus. Unmittelbar darauf wird die Nasen-

Abb. 69. *Furcifer pardalis*: Pause im Schlüpfvorgang.

Abb. 70. *Furcifer pardalis*: frischgeschlüpftes Jungtier.

Abb. 71. *Chamaeleo calyptratus*: frischgeschlüpftes Jungtier.

Unter natürlichen Bedingungen schlüpfen alle Jungtiere etwa synchron zur gleichen Zeit, eventuell auf Grund chemischer Signale. Anschließend läge nun in der Natur vor den Jungtieren der meisten Arten eine aufwändige Grabetätigkeit, um den Boden verlassen zu können. Das erfolgt meist von allen Tieren gleichzeitig, oft nachts. Dieses Massenschlüpfen und synchrone Verlassen des Erdbodens hat den Vorteil, dass die Anzahl der von Fressfeinden erbeuteten Jungtiere geringer ausfällt. Im Inkubator entfällt diese Phase, die Aktivität der Jungtiere bleibt aber zu beachten. Der Deckel des Vermiculit-Behälters muss geschlossen bleiben oder es muss eine Gazeabdeckung vorhanden sein, sonst könnten die Jungtiere zu Schaden kommen, insbesondere durch Ertrinken, wenn der Inkubator nach der Aquarienmethode arbeitet. Meist erwartet der Pfleger durch oben angeführte

spitze oder der gesamte Kopf heraus gestreckt. Der Eizahn fällt ab. In den nächsten Stunden bis u.U. Tagen verbleibt das Jungtier in dieser Haltung im Ei, vom embryonalen Gasaustausch innerhalb des Eis wird zur aktiven Lungenatmung übergegangen. Die bis dahin mit Flüssigkeit gefüllten Lungen werden aufgeblasen und mit Luft gefüllt, die Flüssigkeit wird vom Lungenepithel aufgenommen (BREUER 1989). Der Dottersack wird gänzlich oder weitgehend aufgebraucht. Die Augen bleiben noch einige Zeit geschlossen. Der Augapfel dreht sich so, dass sich die Pupille hinter die Lider schiebt, die sich dann öffnen. Schließlich verlässt das Jungtier das Ei (Tab. 8.12, S. 128).

Abb. 72. *Brookesia perarmata*: schlüpfendes Jungtier.    Foto: J. Pietschmann/B.Klusmeyer

Abb. 73-75. *Chamaeleo dilepis:*
Schlupfvorgang. Foto: U. Dost

Anzeichen das Ereignis des Schlüpfens ungeduldig – ein emotionell anrührender Höhepunkt!

Es ist nicht von Nachteil, wenn die Jungtiere noch einige Stunden im Schlüpfbehälter verbleiben. Die dort herrschende höhere Luftfeuchte hilft, den Übergang vom Leben des Embryos im Ei zum Leben in der freien Atmosphäre besser zu schaffen. Es ist allerdings zu kontrollieren, ob sich das Vermiculit auch nicht negativ auf die Schlüpflinge auswirkt durch Anhaften am Körper und vor allem im Schnauzenbereich.

Nicht immer verläuft der Schlupf komplikationslos.

Es kann vorkommen, dass nach dem Schlupf der ersten Tiere in Bezug auf die restlichen Eier eine Pause eintritt. Man sollte das beobachten, aber nicht gleich in Panik geraten. Nicht immer schlüpfen alle Tiere eines Geleges innerhalb weniger Stunden. Bei uns zog sich der Schlupf von *Furcifer pardalis* über 2 bis 3 Wochen hin (leider nicht genau dokumentiert), alle Tiere waren vital. Der infolge des Wachstums der Jungtiere nach dem Schlupf entstandene Größenunterschied zwischen den erst- und den zuletzt geschlüpften war noch lange Zeit zu erkennen.

Bleiben Eier längere Zeit liegen, ist man versucht, Geburtshilfe zu leisten, d.h. das Ei zu öffnen. Das sollte jedoch reiflich überlegt sein und als letzter Ausweg betrachtet werden. Mit einer feinen Hautschere, die etwas unterhalb eines Eipols anzusetzen ist, kann das leicht bewerkstelligt werden. Häufig stellt man dann fest, dass das Jungtier lebt, aber anscheinend noch nicht schlupfreif ist, dann ärgert man sich, weil man zu voreilig war. Man findet aber auch manchmal bereits abgestorbene Tiere, ohne die Ursache für den Tod zu erkennen. Noch lebende Tiere sollte man im Ei belassen und dieses in den Vermiculit-Behälter zurück legen. Liegt der normale Schlupftermin zeitlich nahe, ist das Jungtier vielleicht noch zu retten.

Die **Ursachen** für derartige Schlupfanomalien sind vielfältiger Art. Sie können in falscher Aufzucht der Elterntiere, vor allem der Weibchen, insbesondere durch Vitamin- und Mineralstoffmangel zu suchen sein, aber auch durch falsche Inkubationsbedingungen, insbesondere zu hohe Wärme und Feuchtigkeit entstehen. Sie können physiologischer Art oder aber auch durch Infektionen hervorgerufen sein. Es ist schwierig, bei einmal auftretenden Störungen dieser Art Ursachen zu erkennen, erst bei Wiederholungen muss eine systematische Ermittlung einsetzen.

## 3.8. Die „Lebendgeburt" der Jungtiere

Der bisher geschilderte Verlauf von Eiablage und Schlupf trifft für die meisten Chamäleonarten zu. Es gibt jedoch ein davon abweichendes Fortpflanzungsverhalten. Anscheinend haben sich unter dem Druck ungünstiger Umweltbedingungen, vor allem zeitweilig niedriger Temperaturen, die sich ungünstig auf Eiablageort und –substrat auswirken können, entwicklungsgeschichtlich nur diejenigen Arten auf Dauer durchsetzen können, die ihre Eier bis zum Ende der embryonalen Entwicklung im Körper behielten. Der Körper des Weibchens stellt gewissermaßen ein optimales „Inkubationsklima" dar und sichert den biologisch erforderlichen Fortpflanzungserfolg. Die Temperaturschwankungen im Körper des wechselwarmen Muttertieres können allerdings im Vergleich zu künstlichen Inkubationstemperaturen beträchtlich sein. Die Embryonalentwicklung profitiert vor allem von der Aufwärmphase in den Morgen- und Vormittagsstunden.

Die Höhe und Dauer der Temperaturen steuern zeitlich auch hier die

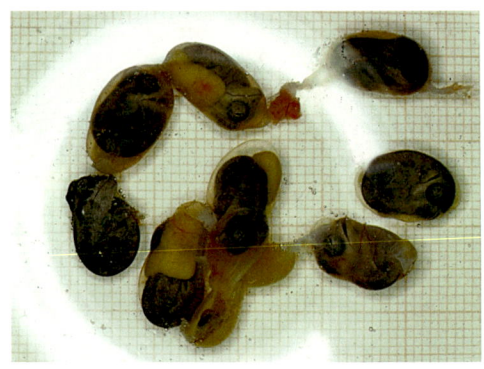

Abb. 76. *Bradypodion setaroi:* Eier mit schlüpfreifen Embryonen unmittelbar vor der Ablage.

**Länge der Trächtigkeit.** Sie betrug bei unseren langjährigen Zuchten von *Chamaeleo jacksonii xantholophus* im Mittel von insgesamt 28 Würfen 182 Tage, die Abweichungen davon können bis zu ± 24 Tagen (ebenfalls im Mittel) betragen. Es kam so also zu zwei Würfen im Jahr. Dass bei dieser Art die Verhältnisse in der Natur andere Abläufe hervorrufen können, ermittelten LIN et al. (1981), die in Kenia (Karatina) eine nur einmalige Trächtigkeit pro Jahr ermittelten.

Um den Einfluss der Temperatur auf die Embryonalentwicklung messbar zu erfassen, könnten u.U. Untersuchungen analog zur Insektenphänologie weiter helfen. Bei dieser lassen sich durch die Bildung von Temperatursummen, entstanden durch Addition der täglich einwirkenden Höchst- oder Mitteltemperaturen, feste Korrelationen zum Schlupf von Larven oder Imagines ableiten.

Die im Körper des Weibchens verbleibenden Eier bilden bei den vivoviparen Arten keine pergamentartige Schale aus. Zum Ende der Embryonalentwicklung werden die Eier frei abgelegt, die vorherige Herstellung einer Erdhöhle unterbleibt. Aus den Eiern befreien sich die Jungtiere durch Zerreißen der gallertigen Eihaut unmittelbar danach, es werden gewissermaßen lebende Jungtiere geboren.

**Vivioviparie** (siehe auch Kapitel Trächtigkeit) kommt nur in der Gattung *Chamaeleo*, Untergattung *Trioceros*, sowie in der Gattung *Bradypodion* vor (Tab. 8.13). Sie betrifft 29 Arten und Unterarten, das sind 16 % der insgesamt 177 validen Arten und Unterarten. Die Liste zeigt, dass sich auch Arten aus klimatisch günstigeren Lebensbereichen vivovipar fortpflanzen (Gattung *Brady-*

Abb. 77. *Chamaeleo jacksonii xantholophus*: Eiablage an rauer Rinde.

Abb. 78. *Chamaeleo jacksonii xantholophus*: Embryo in der Eihaut nach dem Herabfallen aus dem Geäst, unmittelbar vor dem Schlupf.

*podion*), also Bereiche, in denen auch ovipare Arten vorkommen. Theoretische Vermutungen gibt es für dieses Nebeneinander nicht. Von einigen Arten ist die Fortpflanzungsweise noch nicht bekannt.

Bezüglich Balz, Kopulation und Trächtigkeit lassen sich bei lebendgebärenden Arten keine prinzipiellen Unterschiede zu eierlegenden feststellen. Allerdings ist die Zeit der Trächtigkeit meist beachtlich länger als bei oviparen Arten (Tab. 8.7.).

**63**

① ② ③ ④

Abb. 79. Vivioviparie bei Chamaeleons. 1: Ablage des Eies und Andrücken an die Unterlage; 2: Ei an der Unterlage; 3: Jungtier im Ei erkennbar; 4: das Jungtier befreit sich aus der Eihaut (verändert nach v.FRISCH 1962 und BECH 1990).

Gegen Ende der Trächtigkeit wird ebenfalls die Futteraufnahme eingeschränkt oder unterbleibt völlig und es setzt eine durch vermehrtes Herumwandern gekennzeichnete Unruhe ein. Zum Unterschied zu den oviparen Arten orientieren sich die Weibchen jedoch nicht nach unten, zum Erdboden, es wird vielmehr im Geäst nach geeigneten Eiablagestellen gesucht. Als geeignet haben sich im Terrarium in Abhängigkeit von der Größe der Chamäleons etwas dickere Zweige, Äste mit Gabelungen oder buschiges Gezweig sowie große Platten rauer, rissiger Rindenstücke, die aufrecht stehend einen Baumstamm imitieren, erwiesen. Solche Rindenstücke mit grober Struktur (Kiefer) wurden von *Chamaeleo jacksonii* allen anderen Stellen vorgezogen.

Die Eier werden, meist in den Morgen- bis Vormittagsstunden, einzeln an die jeweilige Unterlage gedrückt und bleiben mit ihrer feucht-klebrigen Haut haften. Vielfach folgt unmittelbar danach ein zweites Ei. Für die nächste Ablage, die nach ein bis zwei Minuten erfolgt, wird eine neue benachbarte Stelle aufgesucht. Nach 32 min (bei 7 Eiern), 80 bis 85 min (bei 24 Eiern) bzw. 225 min (bei 38 Eiern) ist nach eigenen Beobachtungen bei *Chamaeleo jacksonii* die gesamte Eiablage beendet.

Über die Anzahl der Würfe, Anzahl der Jungtiere und das Geschlechterverhältnis im Mittel von 16 Jahren bei *Chamaeleo jacksonii xanthlophus* siehe Tab. 8.14., S. 130f.

Das vielfach beschriebene **Fallenlassen der Eier** entspricht nicht dem normalen Verhaltensmuster. Es kommt zwar unter Terrarienbedingungen gelegentlich vor, doch ist es wie etwa das Verwerfen bei oviparen Arten ein Zeichen, dass entweder geeignete Ablagestellen fehlen, das Terrarium ungünstig bepflanzt ist, das Weibchen vital geschwächt ist und/oder die Haltungsbedingungen insgesamt nicht als optimal zu betrachten sind.

Abb. 80-83 *Chamaeleo jacksonii xantholophus (Serie)*
... das Ei hängt mit Schleimfäden im Geäst.

...das Jungtier versucht sich zu befreien...

...es hat durch Streckbewegungen die Eihaut zerrissen...

Nicht immer haftet das Ei jedoch an der Unterlage fest genug. Es kann abrutschen, an eine günstigere Stelle geraten, oder es löst sich, fällt nach unten, haftet an einer anderen Stelle oder fällt bei fehlendem günstig angebrachten Geäst bis auf den Boden. Das ist unter Terrarienbedingungen nicht weiter tragisch, da kontrollierbar. Wichtig ist nur, dass der Bodengrund nicht aus einem saugenden Material besteht und das Ei sich nicht in der Nähe einer Heizquelle oder im Bereich einer Strahlerlampe befindet. Andernfalls würde es schnell zu einem starken Flüssigkeitsverlust kommen, die Eihaut würde sich verfestigen und das Jungtier wäre nicht mehr in der Lage, sich daraus zu befreien.

Normalerweise setzen nach wenigen Sekunden bis 2 min heftige Streck- und Krümmungsbewegungen ein, wodurch das Jungtier die Eihaut durchstößt und zu laufen beginnt. Meist hilft die Schwerkraft dem Jungtier in der hängenden Eihaut sich durch Streckung so zu befreien, dass es sogleich im Geäst fortlaufen kann.

..und entfernt sich.

Abb. 84-88: *Chamaeleo hoehnelii*:

oben, links: typisches Abspreizen eines Hinterbeines kurz vor der Eiablage, ...

oben rechts: ... das Ei tritt aus,...

Mitte, links: ... es hängt in der Astgabel, ...

Mitte, rechts: ...das Jungtier befreit sich von der Eihaut ...

unten: ... und unternimmt erste Kletterversuche.

Ein Aufprall des Eies nach dem Sturz von oben ist nicht Voraussetzung für die Befreiungsbewegungen des Jungtieres, diese setzen vielmehr autonom ein. Es gibt zwar Mitteilungen (BURCHARD 1973, BECH, mdl. Mitt), dass ein taktiler Reiz, wie er beim Aufprall des Eies auf den Boden auftritt, das Jungtier von *Chamaeleo jacksonii* innerhalb 92 sek schlüpfen lässt, jedoch ohne diesen Reiz (nach vorsichtigem Auffangen des Eies während der Ablage mit einem Löffel) erst nach 5 min oder gar nicht. Diese Angaben können allerdings durch eigene Beobachtungen nicht bestätigt werden und sollten nicht verallgemeinert werden.

Abb. 89. *Chamaeleo rudis sternfeldi*: erste Kletterversuche.                Foto: U. Dost

Um Komplikationen zu vermeiden, ist während des gesamten Ablaufs der Eiablage die Anwesenheit des Pflegers günstig. Er kann eingreifen, wenn Eier in ungünstige Lagen geraten, wenn Jungtiere zu schwach sind sich allein zu befreien, wenn die Gefahr des Austrocknens besteht, wenn die Jungtiere während ihrer ersten Schritte in gefährliche Situationen geraten.

Auch die Hilfe durch vorsichtiges Aufreißen der Eihaut mit zwei spitzen Pinzetten ist im Notfall unproblematisch, weil man das Jungtier durch die Eihaut sieht. Seine Bewegungen setzen unmittelbar danach ein, sofern es nicht abgestorben ist. Kommt der Terrarianer dagegen erst abends dazu, seine Anlage zu kontrollieren, erlebt er, sofern er nicht alle beschriebenen Vorbereitungen getroffen hat, nicht selten die traurige Überraschung, dass von einem großen Wurf nur wenige Jungtiere überlebt haben.

Abb. 90. *Chamaeleo jacksonii xantholophus*: Weibchen unmittelbar nach der Geburt von 28 Jungtieren.

Abb. 91. *Bradypodion setaroi*: Weibchen mit gerade geborenem Jungtier.

## 3.9. Die Aufzucht der Jungtiere

Nach Schlupf bzw. Geburt der Jungtiere beginnt die schwierigste Phase der Chamäleonhaltung, weil man in kürzester Zeit die schwerwiegendsten und nachhaltigsten Fehler machen kann. BECH formulierte 1982, „dass die gelungenen sicheren Nachzuchten ein Gradmesser dafür sind, wie gut man die Lebensnotwendigkeiten seiner Pfleglinge erkannt und verwirklicht hat. Haltung, Pflege und Zucht von Chamäleons (ist) vivaristische Schwerstarbeit mit hohem individuellen Zeitaufwand für jedes Tier". Und etwas später: „Allerdings ist es kaum möglich, mehr als 3 bis 5 Jungtiere gleichzeitig aufzuziehen, da der Arbeitaufwand kaum zu schaffen ist."

Dieser Ansicht wird jeder, der sich mit Chamäleons befasst hat, zustimmen, auch wenn heute, über 20 Jahre später, durch den stark zugenommenen Kenntnisstand und die jetzt zur Verfügung stehenden zahlreichen Hilfsmittel manches doch möglich ist, was damals angezweifelt wurde, z.B. auch eine größere Anzahl von Jungtieren großzuziehen.

Frischgeschlüpfte oder geborene Chamäleons der einzelnen Arten lassen oft wenige äußere Unterschiede erkennen. Das gilt für die Körperform, aber auch für Beschuppung und Färbung. Dem ist Rechnung zu tragen, wenn mehrere Arten gleichzeitig im Inkubator schlüpfen sollten.

Die **Schlüpflinge** versuchen als erstes nach oben zu klettern, d.h. sie suchen vom Erdboden aus ihren natürlichen Lebensraum auf. Dabei kommt es gleichzeitig zu einer räumlichen Verteilung.

Nicht weiter beunruhigend ist es, wenn einzelne Eier, meist zum Schluss der gesamten Eiablage, statt des Jungtieres eine weißliche bis gelbliche Masse beinhalten. In diesem Fall handelt es sich um unbefruchtete Eier.

Auch viviovipare Weibchen bedürfen nach Beendigung der Eiablage der optimalen Versorgung mit Wasser, sie erholen sich dann wesentlich schneller.

Für den Terrarianer bedeutet das, als erste Maßnahme nach Schlupf oder Geburt die Jungtiere aus dem Inkubator bzw. dem Terrarium des Weibchens in vorbereitete Aufzuchtbehälter umzusetzen..

Viviovipare adulte Chamäleons betrachten Jungtiere der eigenen Art in der Regel nicht als Beute - das wurde von uns und anderen auch nie beobachtet.

Bei oviparen Arten dagegen, bei denen zu den schlüpfenden Jungtieren kein zeitlicher und örtlicher Bezug besteht, werden diese als sich bewegende Beute angesehen und gefressen. Dies wurde mehrfach berichtet und für *Chamaeleo namaquensis* auch filmisch dokumentiert.

Der Grund für das Umsetzen liegt auch darin, dass die Jungtiere in kleineren Aufzuchtterrarien besser geschützt sind, leichter an ihre Futtertiere gelangen und besser betreut und kontrolliert werden können. Die vier- bis sechsfache Gesamtlänge e i n e s Jungtieres als Mindestmaß für die Größe des Behälters (vgl. auch Kapitel 2) kann hier angesetzt werden. Bei Gemeinschaftshaltung sind die Maße entsprechend zu erhöhen. Dem schnellen Jugendwachstum einiger Arten entsprechend können allerdings schnell größere Terrarien nötig werden. Der starke Bewegungstrieb der Jungtiere muss dabei berücksichtigt werden.

Abb. 92. *Bradypodion pumilum damaranum*: Jungtiere, 2 Wochen alt.

Abb. 93. *Bradypodion setaroi*: Jungtier.

Abb. 94. *Chamaeleo bitaeniatus*: Jungtier.

Die Jungtiere müssen ihre Umwelt erkunden können, Bewegung und ständiges Klettern fördern die Ausbildung von Skelett und Muskulatur.

Keinesfalls dürfen deshalb Kleinstbehälter für Kühlschrankzwecke verwendet werden, wie es früher teilweise empfohlen und praktiziert wurde!

Abb. 96. Regal mit Aufzuchtterrarien: Höhe 30 cm, Breite 20 bzw. 40 cm.

Abb. 95. *Chamaeleo hoehnelii*: Jungtier.

Abb. 97. *Chamaeleo schubotzi*: Jungtier.

Beim Umsetzen werden die Tiere gezählt, der Gesundheitszustand kontrolliert und eine Geschlechtsbestimmung durchgeführt, soweit möglich. Bei Arten mit stark ausgebildeten sekundären Geschlechtsmerkmalen der Männchen gelingt das meist bereits in den ersten Tagen, insbesondere bei Arten mit Hornfortsätzen am Kopf oder Fersenspornen.

Bei der Vorbereitung der Umsetzung und Bereitstellung der Behälter ist die Frage zu entscheiden, ob die Jungtiere **einzeln oder in Gruppen** gehalten werden sollen (Tab. 8.16, S. 133). Hier gehen die Ansichten sehr auseinander! Es ist richtig, dass die Jungtiere in der Natur zwar nach dem Schlupf synchron den Erdboden verlassen – das ist biologisch sinnvoll – danach aber sich im Geäst verteilen, d.h. auseinanderstreben, was ebenfalls notwendig ist, um gegenseitige Nahrungskonkurrenz und

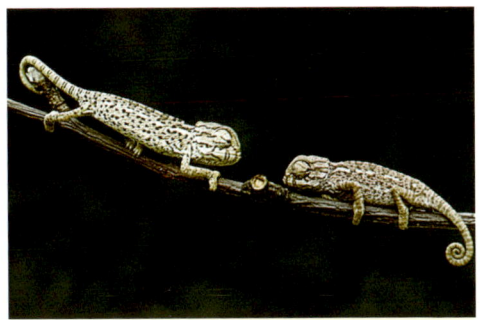

Abb. 98-101. *Chamaeleo chamaeleon*: Begegnung von 2 Jungtieren ... das dominante Tier (a) läuft weiter, das andere (b) verharrt und wird dunkel,...

..Tier a übersteigt Tier b, das sich duckt...

...Tier a setzt seinen Weg fort...

...wird Tier b ergriffen, weicht es aus.

Aggressivität zu verringern. Adulte Chamäleons sind mit Ausnahmen Einzelgänger. Es ist jedoch voreilig, daraus den Schluss zu ziehen, dass auch alle Jungtiere vom ersten Tage an einzeln untergebracht werden müssen.

Von uns wurden fast alle gehaltenen Arten anfänglich gemeinsam aufgezogen, nicht nur die lebendgebärenden, untereinander nicht aggressiven Arten wie z.B. *Chamaeleo jacksonii*, sondern auch die in dieser Hinsicht problematischeren Arten wie *Chamaeleo chameleon*. Unbedingt zu beachten ist dabei jedoch, das der Behälter entsprechend größer gewählt wird und durch viel Geäst und Pflanzen ausreichend Deckungsmöglichkeiten geschaffen werden. Die Anzahl der Jungtiere sollte übersichtlich, leicht zähl- und kontrollierbar sein und könnte etwa bei 6 bis 8 liegen.

Abb. 102. *Furcifer campani*: gemeinsame Aufzucht der Jungtiere.

Abb. 103. *Chamaeleo jacksonii xantholophus:* Gemeinsame Ruhe- und Schlafplätze von Jungtieren bei Gemeinschaftshaltung an der Spitze eines Zweiges.

Die Jungtiere der einzelnen Arten reagieren nach eigenen Beobachtungen untereinander unterschiedlich. Sie zeigen zumindest anfänglich keine Abwehr, sie bluffen manchmal, machen sich dick, verstecken sich bei Begegnungen hinter dem Zweig, auf dem sie sich gerade befinden oder lassen sich, wenn unvermeidlich, einfach fallen. Zu ausgesprochenen Drohgebärden wie aufgerissenen Mäulchen kommt es selten. Ob dieser Stress positiv zu werten ist im Sinne eines Lernvorganges für spätere Begegnungen mit Konkurrenten oder Fressfeinden, wie man das von anderen Tieren kennt, oder sich nachhaltig negativ auswirkt, ist nicht bekannt und muss jeder durch eigene Beobachtungen ermitteln. Empfindlich reagieren die Jungtiere meist auf gegenseitigen Körperkontakt. Dieser entsteht z.T. dadurch, dass laufende Jungtiere andere wie einen Zweig ergreifen. Das ist natürlich nicht als Aggression zu werten, trotzdem kommt es zu Abwehrreaktionen. Sie schlagen seitlich mit dem Kopf und weichen voreinander aus. Bei zu vielen Tieren in zu kleinen und zu wenig strukturierten Behältern führen häufigere Berührungen natürlich zu unnötigem Stress. Die Gruppen sind also zu verkleinern oder größere Behälter zu wählen.

Die gemeinsame Haltung konnte durch uns vereinzelt bis zu 6 Monate ausgedehnt werden (*Furcifer pardalis*,

*Chamaeleo jacksonii*), wobei die Gesamtanzahl der Tiere in dieser Zeit ständig verringert wurde je nach Größe, Entwicklung und Geschlecht, also etwa von anfangs 8 auf 4 bis 2 Tiere. Das setzt jedoch voraus, dass die Tiere aufmerksam beobachtet werden. Aus dem Verhalten ist zu schließen, ob alle gleichmäßig auf zugegebenes Futter oder untereinander aggressiv auf Begegnungen reagieren und wie oder ob sie sich selbst isolieren oder apathisch werden. Hier ist der Terrarianer gefordert, er muss einfühlsam auf alle Lebensäußerungen seiner Pfleglinge achten und zweckmäßig handeln.

Abb. 104. *Furcifer pardalis:* Gemeinsame Ruhe- und Schlafplätze von Jungtieren bei Gemeinschaftshaltung am Ende eines Zweiges.

## Klimatische Bedingungen

Im Aufzuchtbehälter kommt besonders der **Temperatur** eine wichtige Rolle zu (Tab. 8.16., S. 133). Sie muss niedriger als das Optimum für die Adulten liegen. Jungtiere verfügen noch nicht über eine ausreichende Temperaturregulation. Bei zu hohen Temperaturen wird das deutlich durch Maulaufreissen, Körperstreckung, seltener durch Aufsuchen von Schattenpartien. Die kleinen Körper überhitzen leicht, was immer zum Tode führt.

Ein guter **Luftwechsel** ist erforderlich, durch häufigeres Sprühen muss aber die **Luftfeuchte** hoch gehalten werden, höher als bei den adulten Tieren.

Das Klima im Terrarium, also einem eng begrenzten Raum, ist niemals, auch nicht bei allen eingesetzten technischen Vorkehrungen, dem natürlichen gleichzusetzen. Als Beispiel sei nur der natürliche Luftzug im Kronenbereich der Bäume angeführt, der auf Tiere bei höheren Temperaturen kühlend wirkt.

Es gibt Arten, die als Jungtiere sehr empfindlich auf einen Wechsel des Terrarienklimas, also Umstellung auf andere Werte, reagieren. Er kann sich z.B. auf Jungtiere von *Chamaeleo rudis sternfeldi* bis zum Alter von 6 Monaten tödlich auswirken (LUTZMANN 1998). Andererseits kann man auch erstaunliche Widerstandskräfte feststellen. Ein von uns - beim Umsetzen einer Gruppe von 6 vierwöchigen Jungtieren in einen frisch bepflanzten Behälter – übersehenes winziges Jungtier von *Furcifer campani* überstand in einem hohen Grasbüschel in einer offenen Schüssel im Garten nächtlich Regen, Gewitter und Abkühlung auf 14 °C ohne Schaden.

Abb. 105. *Chamaeleo jacksonii xantholophus*: Der Wassertropfen an der Spitze der Kanüle erregt allgemeine Aufmerksamkeit.

Abb. 106. *Chamaeleo jacksonii xantholophus*: akrobatische Haltung, um zum Tropfen zu gelangen.

Der **Wasserbedarf** ist bei Jungtieren besonders hoch, sie können sehr schnell dehydrieren. Junge Chamäleons müssen „großgetränkt werden" (BECH mdl. Mitt.). Wer einmal gesehen hat, wie viele Wassertropfen ein Jungtier aufsaugen kann, wird das bestätigen. Um den Wasserbedarf zu decken, haben wir nicht nur gesprüht, sondern vom ersten Tage an Wasser mit einer Pipette oder Kanüle angeboten, täglich ein- bis zweimal. In den meisten Fällen wurde der Wassertropfen an der Spitze sofort erkannt und abgenommen. Wenn das Jungtier nicht reagiert, wurde der Tropfen auf das Blatt oder den Zweig vor dem Jungtier abgesetzt - das entspricht der natürlichen Wasseraufnahmeart der Tiere - die Pipettenspitze aber im Tropfen belassen. Wurde der Tropfen aufgeleckt, wurde Wasser nachgedrückt und dabei die Pipettenspitze allmählich von der Unterlage entfernt. Durch diesen Trick wurde erreicht, dass das Tier ohne

Scheu weiter trinkt und am nächsten Tag sofort den Tropfen an der Pipettenspitze akzeptiert. Bereits die glänzende Spitze der Pipette oder Kanüle erregt die Aufmerksamkeit. Um eine anfängliche eventuelle Scheu vor der Hand nicht aufkommen zu lassen, verwendeten wir eine etwa 10 cm lange Kanüle ohne Schliff an einer Spritze bzw. eine Knopfkanüle. Diese Form des Tränkens ist bei einer größeren Anzahl von Jungtieren mühsam, aber die sicherste Methode alle Tiere zu erreichen und ihnen ausreichend Wasser zu kommen zu lassen. Das eifrige Herbeieilen der Tiere und ihre akrobatischen Fähigkeiten beim Erreichen der Tropfen entschädigen den Pfleger für seine Mühen.

Vernachlässigt man den hohen Wasserbedarf bei Jungtieren, sind Entwicklungsstörungen, z.T. irreversible Schäden nicht auszuschließen. Wird nur gesprüht, kann man nicht sicher sein, dass alle Tiere ausgiebig trinken, zumal das Terrarienklima meist für eine zu schnelle Verdunstung der kleinen Tropfen sorgt.

Chamäleons reagieren, wenn sie durch Sprühwasser nass werden, unwillig mit Schließen der Augen, Kopfschlagen und Flüchten. Das sollte vermieden werden. Diese Reaktionen treten nach eigenen Beobachtungen nicht ein, wenn das Sprühwasser erwärmt wird und der Lufttemperatur im Terrarium entspricht. Dazu muss es in der Sprühflasche zunächst wesentlich wärmer sein, weil die Sprühtropfen in der Luft sofort abkühlen. Dann kann man z.T. das feststellen, was von anderen Echsen bekannt ist: sie stellen ihren Körper schräg, dass das Wasser zur Schnauzenspitze läuft, um es dort einzusaugen. Gelegentliche Äußerungen, das junge Chamäleons in dieser Situation ersticken, kann ich nicht bestätigen.

Auch gefressen wird vom ersten Lebenstag an und dabei kann man beobachten, dass der Gebrauch der Zunge sofort perfekt beherrscht wird. Der auslösende Reiz geht vom sich bewegenden **Futtertier** aus, besonders vom fliegenden! Deshalb ist es wichtig, fliegende Beutetiere anzubieten, die tagaktiv sind. Stummelflügelige Fruchtfliegen werden zwar auch genommen, sind aber nur die zweite Wahl. Es sollten, zumindest zuerst, schon die flugfähigen Formen sein. In der ersten Zeit benötigen besonders kleine Jungtiere wie z.B. die von *Furcifer campani* auch winzige Beutetiere. Wir haben mit kleinen batteriebetriebenen Sauggeräten Obstbaumblätter auf Zikaden, Apfelblattsauger oder anderen Kleinstinsekten abgesucht oder einen besonders feinen Käscher dicht über Grasflächen gezogen – es überrascht, wie viel fliegende Kleinstinsekten dabei erbeutet werden, sogar und besonders vom Gartenrasen, wenn man dabei den Bügel des Käschers fest aufdrückt. Diese Futtertiere sind häufig grün gefärbt und von besonderem Reiz für die Jungtiere. Junge *Chamaeleo chamaeleon* konnten nur mit solchen grünen Futtertieren zur ersten Nahrungsaufnahme veranlasst werden, nachdem die üblichen Futtertiere, auch Collembolen, aus den Zuchten abgelehnt wurden. Gefüttert wird 1 mal täglich, nach einigen Wochen kann die Fütterungshäufigkeit verringert werden. Es gilt aber: lieber täglich weniger als seltener zuviel.

Die Zucht und Verabreichung fliegender Futtertiere wie *Drosophila sp.*, *Musca sp.* und anderen Insekten verlangt sicher Opferbereitschaft, auch bei Familienangehörigen und Besuchern, denn ein Entweichen von Insekten ist kaum zu verhindern. Hier sind handwerkliches Können und Bastlergeschick beim Terrarianer gefordert. Durch Hilfsmittel zum Saugen und Blasen sowie spezielle Öffnungen der Zuchtgefäße und Terrarien kann das Entweichen der Futtertiere erheblich minimiert werden. Wir benutzen an einen Staubsauger angeschlossene Exhauster, aus Kunststoff oder Glas selbst gebaut, in denen sich vor einer Gazescheibe die Futterinsekten sammeln und ohne Mühe z.B. in das Terrarium geblasen werden können.

Den Jungtieren ist die Möglichkeit zu bieten, ihre Beute zu erjagen. Junge Chamäleons sind ohnehin viel beweglicher als ältere Tiere, sie streifen ständig durch das Terrarium. Dem Jagdeifer muss die Behältergröße entsprechen.

Es ist irrig anzunehmen, bei der Jagd auf Beute könnte in größeren Behältern der Energiebedarf der Jungtiere nicht gedeckt werden, der zu hohe Energieverlust könnte zu Erschöpfung und Hungertod führen (v. FRISCH 1962). Es ist lediglich auf eine optimale Abstimmung zwischen Jungtier- und Behältergröße sowie Futtertierangebot zu achten. Zu große Futtertiermengen können die Jungtiere irritieren, womöglich auch zu Stresssituationen führen.

Mit zunehmendem Wachstum der Jungtiere können dann auch größere Futtertiere angeboten werden. Es überrascht immer wieder, an wie große Beutetiere sich die heranwachsenden Chamäleons heranwagen und diese nach längerem Kauen auch bewältigen. Es sollte aber nicht die Regel sein, wenn auch ein Ersticken an zu großer Beute kaum zu befürchten ist. Gefährlich sind u.U. zu große Larven der Wachsmotten, weil deren Haut von Jungtieren nicht zerbissen und nicht verdaut werden kann.

Insekten ohne kauende Mundwerkzeuge, also Fliegen, Kleinschmetterlinge, Zikaden und deren Larven, sollten bevorzugt werden. Grillen und Heimchen werden zwar auch gerne angenommen und sind auch gehaltvoller, stellen jedoch eine potentielle Gefahr dar. Es ist schwer zu kontrollieren, ob alle eingebrachten

Futtertiere auch sofort gefressen werden. Übrig gebliebene Futtertiere, die sich schnell verkriechen und in der anschließenden Zeit wachsen, können nachts, da sie ja nachtaktiv sind, über die schlafenden jungen Chamäleons herfallen und sie anfressen – es kann da böse Überraschungen geben. Gefährdet sind vor allem kleinere Chamäleonarten mit entsprechend besonders kleinen Jungtieren, wie wir es bei *Bradypodion setaroi* feststellen mussten.

Die Verfütterung mittels Käscher oder Lichtfalle (MASURAT 1999) wildgefangener Futtertiere hat den Vorteil, ernährungsphysiologisch wertvolle Insekten verfüttern zu können, weil die Vielfalt ein breiteres Spektrum an natürlichen, lebensnotwendigen Stoffen liefert, als es Präparate mit Zusatzstoffen können.

Insekten aus fremden Futterzuchten können dagegen in der Regel die Erfordernisse nicht erfüllen, wenn man die jeweiligen Aufzuchtbedingungen nicht kennt. Insekten haben von Natur aus schon den Nachteil, ein ungünstiges Kalzium-Phosphor-Verhältnis aufzuweisen (Grillen z.B. 1:2,5 bis 1:9). Werden sie dann nicht mit Mineralstoffen und Vitaminen aufgewertet (siehe Abschnitt Haltungsgrundsätze), kann es insbesondere bei Aufzuchten Probleme in Bezug auf Mangelkrankheiten geben (Abb. 108). Üblich ist das Einstäuben der Futtertiere unmittelbar vor dem Verfüttern. Das ist eine rationelle Methode, leider hemmt sie vor allem bei kleineren Insekten die Beweglichkeit und man kann auch nicht sicher sein, dass alle Jungtiere in ausreichendem Maße versorgt werden. Wenigstens eine Überversorgung ist nicht zu erwarten.

Abb. 107. *Chamaeleo jacksonii xantholophus*: Tränkvorgang. Der Wassertropfen kann zusätzlich mit Zusatzstoffen versetzt werden.

Aufwändiger, aber sicherer ist es, etwa einmal wöchentlich die Zusatzstoffe mit dem Tränkwasser mittels der Pipette zu verabreichen. Pulver, wie Korvimin ZVT, werden mit der nassen Kanülenspitze hochgenommen, die anhaftende Menge wird dann beim Trinken geschluckt. (Zur Dosierung siehe Abschnitt 2. Haltungsgrundsätze, Zusatzstoffe).

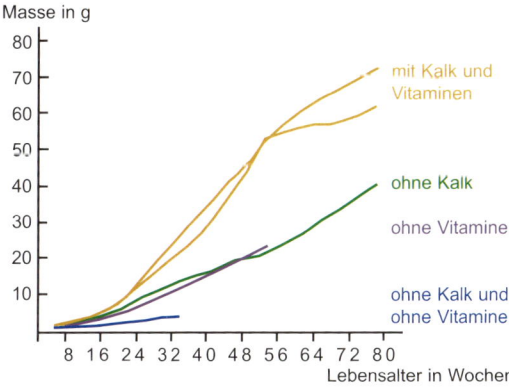

Abb. 108. *Chamaeleo jacksonii*: Masseentwicklung (in g) von Terrarientieren ohne oder mit Gabe von Zusatzstoffen (nur Vitamine oder mit Kalk) über 80 Wochen (Original MINUTH).

Unter den angegebenen Bedingungen wachsen die Jungtiere der meisten Arten sehr schnell (Abb. 111 bis 122, 123-125). *Chamaeleo calyptratus* kann innerhalb von 12 Monaten von ca. 60 auf fast 400 mm Kopf-Schwanz-Länge wachsen, *Ch. dilepis* innerhalb von 7 Monaten von 37 mm (beim Schlupf) über 74 mm (2. Monat), 100 mm (3. Monat) auf 150 mm (nach WAGLER 1984). Die unterschiedliche Entwicklung zwischen Männchen und Weibchen ist am Beispiel von *Furcifer pardalis* in Tabelle 8.17., S. 135, dargestellt. Das schnelle Wachstum der Jungtiere setzt eine optimale Versorgung mit Zusatzstoffen voraus. Rachitische Erscheinungen, insbesondere weiche, sich verbiegende Knochen, sind sonst unausweichlich. Interessant ist, das heranwachsende, aber auch ältere Chamäleons von uns bei der aktiven Aufnahme von Bruchstücken von Kalktabletten (Calcipot) beobachtet wurden. Wir setzten dem Bodensand daraufhin Vogelsand zu, der Kalkstückchen enthielt.

Fällt die Aufzucht mit der warmen Jahreszeit zusammen, sollte man nicht versäumen, die Jungtiere den **natürlichen klimatischen Bedingungen** auszusetzen. Das kann im Garten oder mit Einschränkungen auf dem Balkon geschehen. Luftfeuchte, Windströmungen und vor allem die natürliche UV-Versorgung durch die Sonne wirken Wunder. Um die Jungtiere nicht ständig von einem Behälter in einen anderen umsetzen zu müssen, haben sich bei uns transportable Gazebehälter bewährt (Abb. 109-110). Sie sind für den Terrarienraum geeignet, lassen sich aber bei geeigneter Wetterlage mit Leichtigkeit im Freien an Ästen im lichten Baumschatten oder auf einer Wäscheleine auf-

Abb. 109-110. Runde und ovale Gazebehälter für den mobilen Einsatz.

Arten, die in höherer Besatzdichte vorkommen (*Chamaeleo affinis, Ch. bitaeniatus*) sowie solche mit Paarbindung (*Ch. jacksonii*) können mehrere Monate beisammen bleiben. Immer sind es die Männchen, die als erste Drohgebärden zeigen und isoliert werden müssen. Das ist gleichzeitig ein Mittel, die Geschlechter zu erkennen, wenn das nicht bereits durch körperliche Merkmale möglich geworden ist. Eine Trennung der Tiere ist unvermeidlich! Ein späteres Zusammensetzen ruft bei unverträglicheren Arten sowie vor allem Männchen unweigerlich Aggressionen hervor, es kann nur später zwecks Paarung wieder versucht werden.

Die Aufzuchtphase ist bei den einzelnen Arten unterschiedlich lang. Man kann sie spätestens als abgeschlossen betrachten, wenn die **Geschlechtsreife** eintritt (Tab. 18). Auch dieser Termin ist von Art zu Art unterschiedlich. Zwergchamäleons sind bereits nach 3 bis 4 Monaten geschlechtsreif, *Chamaeleo jacksonii* im Terrarium nach 6 Monaten, die meisten Arten nach etwa einem Jahr. Das ist auch der späteste Termin der Vereinzelung. Durch besonders reichhaltige Fütterung kann die Geschlechtsreife früher eintreten. Bei nicht aggressiven Arten scheint die gemeinsame Haltung die geschlechtliche Aktivität zu hemmen. Darauf deutet ein von uns durchgeführter Versuch hin: Wir hielten zwei Weibchen und zwei Männchen von *Chamaeleo jacksonii* 6 Monate gemeinsam. Da uns der benutzte Behälter zu diesem Zeitpunkt zu klein für vier Tiere erschien, setzten wir die Tiere paarweise um. Sofort am nächsten Tag kopulierten beide Paare, erfolgreich, wie wir später an Hand der eingetretenen Trächtigkeit feststellen konnten.

hängen. Zumindest die Morgen- oder Abendsonne kann so direkt genutzt werden. Auch hier gilt, das Tränken nicht zu vergessen. Es ist erstaunlich, welche Vitalität die so aufgezogenen Chamäleons zeigen.

Mit der **Vereinzelung** der Jungtiere ist zu beginnen, wenn man zunehmend aggressives Verhalten bemerkt. Das ist artspezifisch. Ausgesprochene Einzelgänger (*Chamaeleo chamaeleon, Ch. dilepis*) können nur kurzzeitig zusammen gehalten werden.

Abb. 111-116. *Furcifer pardalis*: Entwicklungsphasen: unmittelbar nach der Geburt...

...1 Tag alt...

...3 Wochen...

... 5 Wochen...

...7 Wochen...

...9 Wochen...

Abb. 117-122. *Chamaeleo calyptratus*: Entwicklungsphasen, 1 Tag alt.

...im Alter von 3 Wochen...

...im Alter von 6 Wochen...

...im Alter von 9 Wochen...

...im Alter von 10 Wochen...

...im Alter von 12 Wochen...

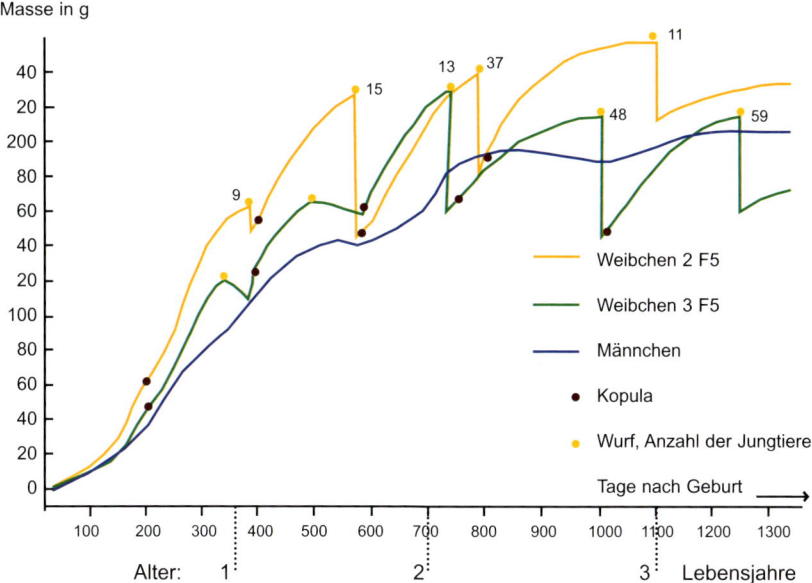

Abb. 123. *Chamaeleo jacksonii xantholophus*: Entwicklung von 2 Weibchen und 1 Männchen über 4 Jahre (=1460 d): Masse in g, Kopulationstermine und Wurftermine mit Anzahl der Jungtiere (nach MASURAT & MASURAT 1996).

Abb. 124. *Chamaeleo ellioti*: Längen-
wachstum von 2 Männchen über 11 Monate
(= 330 d) (nach UETZ 1989).

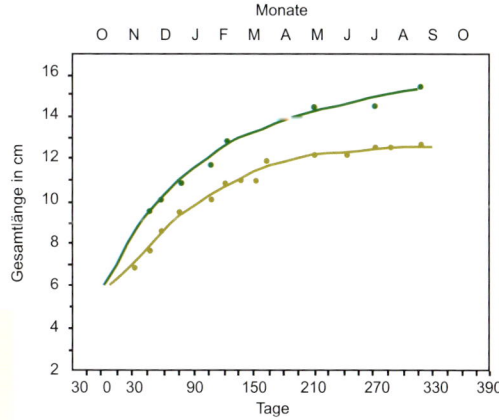

Abb. 125. *Brookesia minima*: Jungtier.
Foto: W. Schmidt

Abb. 126. *Brookesia perarmata*: Jungtier.
Foto: J.Pietschman/B.Klusmeyer

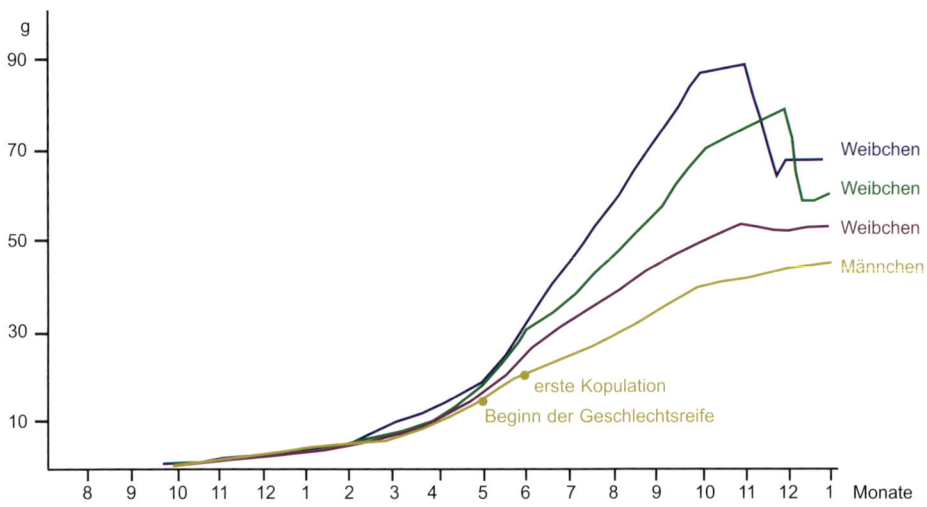

Abb. 127. *Chamaeleo jacksonii jacksonii*: Gewichtszunahme in g von 3 Weibchen und 1 Männchen über 16 Monate (= 487 d) (nach SCHUSTER 1979).

Abb. 128. *Calumma parsonii*: Jungtier.

Abb. 129. *Chamaeleo dilepis*: Jungtier.
Foto: A. Gutsche

Abb. 130. *Furcifer campani*: Jungtier.

Abb. 131. *Furcifer lateralis*: Jungtier.

Abb. 132. *Chamaeleo (Trioceros) jacksonii xantholophus*: Jungtier.

Die Anfang dieses Kapitels erhobene Forderung, den **Gesundheitszustand** der Jungtiere zu ermitteln, kann zu unterschiedlichen Ergebnissen führen. Da muss einmal mit Missbildungen gerechnet werden. IPPEN (1985) hat ihnen ein ganzes Kapitel gewidmet. Sie treten nach eigenen Feststellungen bei Chamäleons in erster Linie am Kopf auf: die Schädeldecke kann fehlen und dadurch das Gehirn frei liegen, Augen können fehlen oder ihre Lage verschoben sein, Gaumenspalten treten auf, die Zunge fehlt, Ober- oder Unterkiefer können unvollständig ausgebildet sein. Die Jungtiere sind in diesen Fällen bereits im Ei abgestorben, schlüpfen sie noch, ist mit dem baldigen Absterben zu rechnen - mit Ausnahme von Tieren mit Gaumenspalten, diese sind durchaus lebensfähig. Über die Ursachen der Missbildungen gibt es die unterschiedlichsten, sich z.T. widersprechenden Meinungen. Dass Haltungsfehler schuld sind, die sich auf die embryonale Entwicklung auch innerhalb des mütterlichen Körpers auswirken, liegt nahe, kann aber vielfach ausgeschlossen werden, wenn man die sonstigen Fortpflanzungserfolge einbezieht. Meist werden genetische Defekte bei Haltung über mehrere Generationen und vor allem Inzuchterscheinungen als Ursache genannt. Auffällig ist dagegen, dass bei unseren langjährigen Nachzuchten über viele Generationen innerhalb eines Wurfs von den bei *Chamaleon jacksonii* im Mittel 20 lebenden Jungtieren immer nur wenige, etwa ein bis drei, missgebildet waren und dass Missbildungen von der 1. Generation an aufgetreten sind, aber mit zunehmender Generationenfolge – ab 5. – geringer wurden und schließlich ausblieben. Da bei uns alle Generationen auf nur zwei Zuchtpaare zurückzuführen sind, ist Inzucht als Ursache für die Degenerationserscheinungen fraglich.

Eine **unnormale Hautfärbung** bei Jungtieren von *Chamaeleo calyptratus*

Abb. 133. *Chamaeleo jacksonii* xantholophus: Missbildung im vorderen Teil des Oberkiefers.

Abb. 134. *Chamaeleo calyptratus*: Pigmentstörung.

Abb. 135. *Chamaeleo jacksonii*: Wachstumsstörungen und Missbildungen an Hörnern, Gliedmaßen und Wirbelsäule durch Mangel an Zusatzstoffen.

rung hier nicht - eventuell ist mit feuchten Tüchern nachzuhelfen - könnte ein Mangel an Vitamin A und B-Komplex während der Aufzuchtphasein vorliegen (IPPEN 1985).

Weitere Krankheitserscheinungen können sich dann erst später bemerkbar machen. Da sind als erstes Erkrankungen des Knochensystems zu nennen, vor allem an der Wirbelsäule, aber auch an den Gliedmaßen. Rachitische Erscheinungen können zu starken Verunstaltungen führen, zu Verkrümmungen der Arm- und Beinknochen (Abb. 135), sind aber nicht unbedingt lebensbedrohend, sofern die Knochen nicht durch die Belastung beim Klettern brechen. Sie sind bekanntermaßen auf Mangel an UV-Licht, wasserlöslichem Vitamin $D_3$ und Kalzium zurückzuführen und hätten prophylaktisch behandelt werden müssen. Bezüglich der Therapie ist vor einer Vitamin-$D_3$-Überdosierung zu warnen, bereits eine einmalige Gabe hilft. Geschwollene Gelenke sind auch als Gicht zu deuten, also als Störungen im Harnsäurestoffwechsel. Überernährung, besonders mit zu fettreichen Futtertieren sowie ein zu geringes Angebot von Trinkwasser können dazu führen.

Entzündungen und Vereiterungen im Kopfbereich sind nicht selten. Vermehrte Schleimbildung im Rachen, Mundfäule und Abszessbildungen in den Kieferbereichen können auftreten und müssen behandelt werden, chemotherapeutisch oder auch chirurgisch. Als Spätfolgen sind Ablösungen der Zähne, vermehrte lokale Verhornung oder sogar Trennung der beiden Unterkieferhälften im vorderen Bereich, was eine normale Nahrungsaufnahme unmöglich macht, zu beobachten.

konnte von uns registriert werden (Abb. 134). Ob die helle Gelbfärbung, die keinen Farbwechsel aufwies und an die Farbreaktion bei Überhitzung erinnerte – die aber hier nicht vorlag – eine erblich bedingte Pigmentstörung darstellt, in Richtung Albinismus zielt oder Ausdruck einer Organerkrankung ist, konnte nicht festgestellt werden. Erinnert sei daran, dass sterbende oder gestorbene Chamäleons ebenfalls eine ähnliche, z.T. lokal begrenzte Veränderung der Hautfärbung zeigen.

**Häutungsschwierigkeiten** können schon sehr früh auftreten. Sie sind dann besonders gefährlich, wenn sich Hautreste an den Zehen nicht lösen oder die lose Haut sich als fester Ring um die Gliedmaßen legt. Das kann zum Absterben einzelner Krallen oder Glieder führen, diese Hautpartien müsssen umgehend entfernt werden. Meist ist die Ursache in einer zu niedrigen Luftfeuchte zu suchen. Hilft eine Verände-

Bedenklich ist auch ein plötzliches Unvermögen, die Zunge für den Beuteschuss normal zu nutzen. Dabei kann die Zunge nicht weit genug heraus bewegt werden, bleibt also nach wenigen Zentimetern stehen, oder der über die Zungenbeinspitze vor geschnellte Teil klappt nach unten ab und kann nicht zurück gezogen werden. Eine natürliche Nahrungsaufnahme kann dann nicht mehr erfolgen, nur durch Fütterung mit der Pinzette ist ein Überleben möglich. Tiere mit solchen Mängeln sollte man später von der Fortpflanzung ausschließen.

Diese Krankheitsbilder traten in den ersten Jahren der vermehrten Chamäleonhaltung häufiger auf, also vor allem in den 80er Jahren des letzten Jahrhunderts, jetzt aber seltener. Dieser Rückgang ist sicher auf bessere Kenntnisse, ein vielseitigeres Angebot an Futtertieren und einen sachgemäßeren Einsatz von Zusatzstoffen zurückzuführen.

Was Krankheiten bei Chamäleons, also alle Abweichungen vom normalen Aussehen, Verhalten und Lebensablauf betrifft, ist der Terrarianer aufgefordert, sich zu einem präzisen Beobachter und geschulten Diagnostiker zu entwickeln.

Er sollte erkennen, was er vielleicht falsch gemacht hat und was seinen Pfleglingen fehlt. Doch er sollte auch seine Grenzen kennen: für die Therapie sollte er sich an einen in der Behandlung von Reptilien erfahrenen Tierarzt wenden. Diese sind nicht mehr so selten wie in der Vergangenheit, von ihnen kann er qualifizierte Hilfe erwarten. Eigenes Herumexperimentieren verbietet sich aus den verschiedensten Gründen.

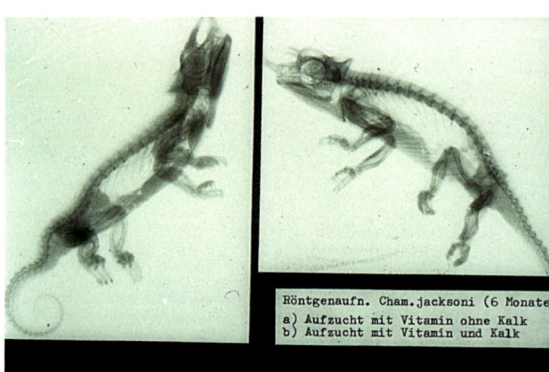

Röntgenaufn. Cham.jacksoni (6 Monate
a) Aufzucht mit Vitamin ohne Kalk
b) Aufzucht mit Vitamin und Kalk

Abb. 136. *Chamaeleo jacksonii*: 6 Monate altes Männchen im Röntgenbild nach Aufzucht mit (rechts) und ohne (links) Gabe von Kalzium. Foto: W. Minuth

# 4. Dokumentation

Für viele Menschen der unterschiedlichsten Bildung und Berufsausbildung ist die Haltung und Pflege von Terrarientieren eine angenehme und befriedigende Freizeitbeschäftigung. Sie beginnt emotional mit der ausschließlichen Beobachtung der Tiere. Sie sollte sich jedoch darauf nicht beschränken. Je höher der Spezialisierungsgrad in der Tierhaltung ist, und das ist bei dem hier abgehandelten Thema der Vermehrung von Chamäleons in besonderem Maße der Fall, um so größer ist die Menge von Einzelbeobachtungen und –daten, vor allem dann, wenn sich die Beschäftigung über Jahrzehnte erstreckt.

Diese Fülle von praktischen Erfahrungen, Erkenntnissen und Wissen sollte nicht nur dem Selbstzweck dienen. Sie können für die Terraristik, also dem praktizierenden Terrarianer, wie auch für die Herpetologie, also der Wissenschaft, von weiterführender Bedeutung sein. Den Erkenntnisstand zu sichern und weiterzugeben, sollte zum Ehrenkodex jedes Terrarianers gehören.

Die Frage ist, wie man das realisieren kann. Die Gedächtnisleistungen, mögen sie auch bei einzelnen Menschen phänomenal sein, reichen selten aus, die Fülle der Einzelheiten zu bewahren. Es ist deshalb notwendig, alle anfallenden Daten oder auch auffällige Verhaltensweisen in Text und Bild zu dokumentieren. Nur Aufzeichnungen ermöglichen Vergleiche und deren Auswertung. Das ist zugegebenermaßen unbequem, lästig und zeitraubend. Besonders am Anfang einer Beobachtungsreihe enthält man sich dieser Aufgabe, weil man ja noch nicht weiß, ob es sich überhaupt lohnt. Dass das falsch ist und man sich überwinden muss, sollte man sich immer wieder vergegenwärtigen.

Individuell kann entschieden werden, welche Daten dokumentiert werden sollen. Die Entscheidung, es wirklich zu wollen und durchzuhalten, beginnt mit der Vorbereitung von durchdachten Schemata, in die die jeweiligen Daten nur einzutragen sind. Ein Mindestumfang sollte jedoch erfasst werden, dazu könnten gehören:

- Nomenklatur: Gattung, Untergattung, Art, Unterart, Ökotyp, individueller Code,
- Herkunft: Nachzucht von..., Wildfang, mit Zeit- und Ortsangabe,
- Datum der Übernahme, Alter, Größe (Kopf, Rumpf, Schwanz),
- Quarantänedauer,
- Behälterart, ev. Freihaltung,
- Haltungsbedingungen: Lampenart, Einschaltdauer, Temperatur,
- Futterart,
- Zusatzstoffe: welche, Menge, wie oft,
- Vergesellschaftung,
- Balz, Kopulation: Datum, Dauer, Häufigkeit, Dauer der gemeinsamen Haltung,
- Trächtigkeit,
- Eiablage: Grabetätigkeit, Datum, Dauer, Anzahl der Eier,
- Inkubation: Temperatur, Dauer,

Abb. 137. *Brookesia perarmata.*

Foto: U. Dost

- Schlupf bzw. Geburt: Datum, Dauer, Anzahl, Größe oder Gewicht der lebenden, toten oder missgebildeten Tiere,

- Aufzucht der Jungtiere: Wiederholung des obigen Schemas.

Leider zeigten unsere Erfahrungen, dass wir bei Abgabe unserer Nachzuchttiere trotz vorbereiteter Karteikarten mit Fragen im obigen Sinne kaum Rückmeldungen erhielten. Das dürfte sich trotz großer Verbreitung der terraristischen Tätigkeiten wenig verändert haben. Auch selbstkritisch sind Versäumnisse zu bedauern.

Die Art der Dokumentation ist von der persönlichen Neigung abhängig. Man sollte sich jedoch vor losen Zetteln hüten.

Neigt man zur konventionellen Methode, sind ständig bereit liegende Karteikarten, möglichst im Format A5, zu bevorzugen. Durch eine entsprechende Vorarbeit kann man das gewählte Schema durch Text und Linien vorgeben.

Auch die Eintragung in einen Kalender mit Platz für Notizen ist möglich. Die Auswertung ist aber mühevoller und unterbleibt deshalb eher.

Wesentlich eleganter und rationeller ist der Einsatz des Personalcomputers. Hier lässt sich das einmal gewählte Schema leicht immer wieder verwenden, der Erweiterung und sonstigen Verwendung sind keine Grenzen gesetzt. Inzwischen ist auch bereits entsprechend vorbereitete Software auf dem Markt. Von Vorteil ist auch die bildliche Erfassung. Mit Fotoapparat und vielleicht Videokamera lassen sich u.U. unwiederholbare Belege schaffen. Auch Ungeübten und technisch weniger Begabten kommt der heutige Entwicklungsstand der Aufnahmetechnik entgegen. Nahaufnahmen, Schärfe- und Belichtungseinstellung laufen meist automatisch ab und stellen keine Probleme dar. Die Digitaltechnik einschließlich der computergesteuerten Bildverarbeitung schafft zusätzlich weitreichende neue Möglichkeiten und Befriedigung. Wichtig ist auch, dass zur klaren Verständigung der Terrarianer untereinander eindeutig definierte Begriffe verwendet werden. Das beginnt mit den wissenschaftlichen Namen der Chamäleons. Durch die Taxonomie (Systematik) wurde jede Art eindeutig beschrieben und benannt, durch Zusammenfassungen in höhere Einheiten (z. B. Gattungen) werden die Verwandtschaftsverhältnisse verdeutlicht. Die Forschungsarbeit der Taxonomen bringt es zwar mit sich, dass sich Namen und Eingruppierungen gelegentlich ändern, was manchmal beim Praktiker zu Irritationen führt. Niemand sollte sich jedoch verweigern, sich auf den jeweils letzten, gültigen Stand zu beziehen. Die Gültigkeit wird durch die Kompetenz der Taxonomen bestimmt (für Chamäleons derzeit KLAVER & BÖHME 1997).

Als zweites ist die Fachterminologie anzusprechen. Gute Fachbücher zeichnen sich auch dadurch aus, dass sie am Schluss ein Glossar anhängen, in dem alle verwendeten Fachbegriffe erläutert werden. Das ist zu begrüßen, weil zumindest für den Gebrauch des betreffenden Buches Klarheiten geschaffen werden. Einheitliche und eindeutige Wortschöpfungen, besonders bei deutschen Begriffen, lassen z.T. jedoch noch auf sich warten. Zu viele subjektive Ansichten stehen dem entgegen. Besonders bei neu geprägten Begriffen wird nicht selten unüberlegt vorgegangen, manchmal spürt man sprachliche Oberflächlichkeit, Hang zum Modernismus oder unbedachten Wortgebrauch. Das gleiche gilt für aus Fremdsprachen übersetzte Begriffe. Die Benutzung von neuen Fachwörterbüchern sollte auch für den Terrarianer zum Alltag gehören, kritische Distanz ist aber immer angebracht. Für die Herpetologie steht bereits ein Wörterbuch zur Verfügung (KABISCH 1990)

Der sorgfältigen Dokumentation schließt sich die moralische Pflicht der Mitteilung der Erkenntnisse an Interessierte an. Geheimniskrämerei ist abzulehnen. Die Weitergabe der Erfahrungen in Form von Vorträgen ist gut, Veröffentlichungen sind besser. Sie wirken auf einen größeren Kreis von Empfängern und sind nachhaltiger. Auch Kurzmitteilungen können diesem Ziel dienen. Hierher gehört auch die bedauerlich schwache Resonanz auf die Versuche zur Erfassung der Nachzuchten durch die DGHT und die Fachgruppe Chamäleons, auch wenn die Gründe dafür vielfältiger Art sein mögen.

Wie nachteilig sich Unterlassungen in dieser Hinsicht auswirken, lässt sich am Beispiel von *Chamaeleo affinis* zeigen. Die Art wurde in den 80er Jahren im Osten Deutschlands viel gehalten und auch nachgezogen, Einzelheiten wurden jedoch nicht allgemein bekannt, weil es darüber keine schriftlichen Belege oder Veröffentlichungen gibt.

Der Mangel an veröffentlichten Erfahrungen, Beobachtungen und Daten spiegelt sich auch in den teils gravierenden Lücken in den tabellarischen Übersichten der vorliegenden Veröffentlichung wider, die manch ein Leser dieser Zeilen sicher ergänzen könnte – wozu im Interesse der Sache aufgerufen wird. Hier wird der Unterschied deutlich zwischen der Chamäleonhaltung lediglich als interessantes Freizeithobby oder als fachbezogene ernste Freizeitbeschäftigung mit dem Bemühen, an weiterführenden und vertiefenden Erkenntnissen teilzuhaben, daran mitzuwirken und sie weiterzugeben.

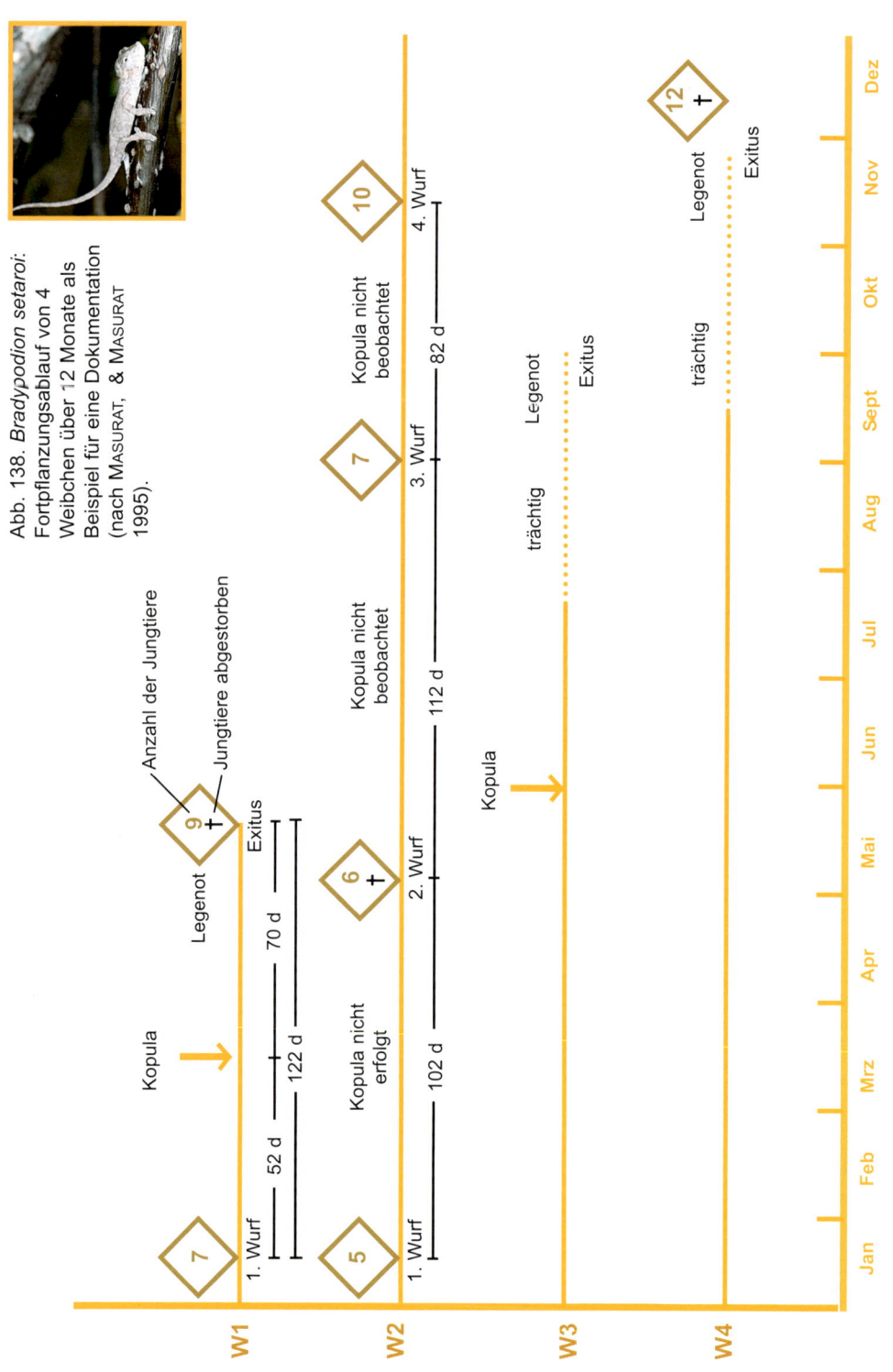

Abb. 138. *Bradypodion setaroi*: Fortpflanzungsablauf von 4 Weibchen über 12 Monate als Beispiel für eine Dokumentation (nach MASURAT, & MASURAT 1995).

# 5. Historie der Chamäleonzucht

Bisher erzielte Nachzuchten von Chamäleons in Terrarien, geordnet nach Gattungen und in chronologischer Reihenfolge.

Gewertet wurden als
**Nachzucht**: schriftliche oder mündliche Mitteilungen mit oder ohne nähere Angaben über die jeweiligen Umstände der Fortpflanzung,

**Erstnachzucht**: veröffentlichte Mitteilungen über konkrete Abläufe der Fortpflanzung im Terrarium, also Paarung, Trächtigkeit, Eiablage, Inkubation, Schlupf bzw. Geburt der Jungtiere, Aufzucht der Jungtiere mindestens über einige Wochen (=echte Nachzuchten, mit * gekennzeichnet, erst nach 1980), möglichst Erzielung mehrerer Generationen.

## Zeitabschnitt: 1880 bis etwa 1950:

Es sind nur sporadische Angaben über zufällige Vermehrungsergebnisse auffindbar.

| Jahr | Gattung | Art | Name |
|------|---------|-----|------|
| 1912 | *Bradypodion* | *pumilum* | (n. KLINGELHÖFFER) |
| 1931 | | *melanocephalum* | (n. KLINGELHÖFFER) |
| 1882 | *Chamaeleo* | *chamaeleon* | V. FISCHER |
| | | *chamaeleon* | LANTZ |
| | | *jacksonii* | MERTENS |

## 2. Zeitabschnitt: 1951 bis etwa 1980:

Es ist eine leichte Zunahme von Berichten über Fortpflanzungserfolge zu verzeichnen. Nach PETZOLD (1982) wurden lt. Int Zoo Yearbook bis 1982 auch in Zoologischen Gärten nur drei Arten zur Fortpflanzung gebracht.

| Jahr | Gattung | Art | Name |
|------|---------|-----|------|
| 1965 | *Bradypodion* | *pumilum* | WACHTEL |
| 1960 | *Chamaeleo* | *africanus* | SHAW |
| 1963 | | *africanus* | EGGERS |
| 1971 | | *jacksonii* | MATER |
| 1971 | | *hoehnelii* | NERLINGER |
| 1976 | | *jacksonii* | POEL-HELLINGA |

| Jahr | Gattung | Art | Name |
|------|---------|-----|------|
| 1977 | *Chamaeleo* | *hoehnelii* | KRINTLER |
| 1978 | | *hoehnelii* | DAISS |
| 1981 | | *hoehnelii* | RUHMEKORF |
| 1981 | | *jacksonii* | REIZE |
| 1981 | | *jacksonii* | SCHREIBER |
| 1982 | | *jacksonii* | BREUSTEDT |

### 3. Zeitabschnitt:  etwa ab 1980 bis jetzt:

Systematische Versuche zur Fortpflanzung setzten ein, die Anzahl der Veröffentlichungen darüber nahm zu. Erstmals wurde der Begriff „Erstnachzucht" verwendet (*). Zusätzlich standen Angaben aus leider nur sehr lückenhaften Nachzuchtstatistiken der DGHT, der AG Chamäleons sowie der ZG Chamaeleonidae zur Verfügung, da diese nur anonym vorliegen, wurde ein „?" eingefügt.

Nicht erfasst werden konnte, ob eine Nachzucht über mehrere Generationen gelang. Aussagen darüber liegen in nur sehr geringem Umfang vor und müssen als sehr lükkenhaft angesehen werden.

| Jahr | Gattung | Art | Name |
|------|---------|-----|------|
| 1993 | *Bradypodion* | *tavetanum* | * TRÖGER |
| 1993 | | *p.dameranum* | * BREUER |
| 1994 | | *p.occidentale* | ? |
| 1995 | | *setaroi* | * MASURAT |
| 1996 | | *thamnobates* | * GRAF |
| 2001 | | *tenue* | * GOCKEL |
| 1988 | *Brookesia* | *minima* | * SCHMIDT, W. |
| 1989 | | *stumpffi* | * SCHMIDT, W. |
| 1994 | | *superciliaris* | * LIPPE |
| 1995 | | *ambreensis* | ? |
| 1996 | | *perarmata* | * PIETSCHMANN |
| 1996 | | *thieli* | * FLAMME |
| 1993/95 | *Calumma* | *parsonii* | * TRÖGER |
| 1995 | | *nasuta* | * SCHMIDT, K. |
| 1998 (?) | | *boettgeri* | ? |

| Jahr | Gattung | Art | Name |
|------|---------|-----|------|
| 1987 | *Chamaeleo (Chamaeleo)* | *calyptratus* | * HAIKAL |
| 1987 | | *chamaeleon* | ? |
| 1994 | | *dilepis* | ? |
| 2000 | | *gracilis* | * LUTZMANN |
| 2000 | | *senegalensis* | * WALLIKEWITZ |
| 1979 | *Chamaeleo (Trioceros)* | *jacksonii jacksonii* | SCHUSTER |
| 1982 | | *jacksonii xantholophus* | BECH |
| 1985 | | *affinis* | ? |
| 1988 | | *montium* | * WALLIKEWITZ |
| 1992 | | *ellioti* | ? |
| 1993 | | *wiedersheimi* | * PIETSCHMANN |
| 1994 | | *melleri* | * TRÖGER |
| 1994 | | *quadricornis* | * PAASCH |
| 1994 | | *werneri* | ? |
| 1995 | | *cristatus* | * PAASCH |
| 1995 | | *fuelleborni* | ? |
| 1995 | | *schubotzi* | ? |
| 1995 | | *w. perreti* | *PIETSCHMANN |
| 1997 | | *bitaeniatus* | ? |
| 1999 | | *rudis sternfeldi* | * LUTZMANN |
| 1999 | | *w.perreti* | HÖVELER |
| 2000 | | *deremensis* | * DURST/RIMMELE |
| 2000 | | *johnstoni* | * SCHOTT |
| 2000 | | *pfefferi* | * BÖHLE |
| 2001 | | *jacksonii merumontanus* | * WALBRÖL |
| 1986 | *Furcifer* | *lateralis* | * SCHMIDT, W |
| 1988 | | *cephalolepis* | * TAMM et al. |
| 1988 | | *polleni* | * LEPTIEN. |
| 1989 | | *pardalis* | * PONGRATZ |
| 1990 | | *willsii* | ? |
| 1992 | | *campani* | * SCHMIDT, W. |
| 1994 | | *antimena* | ? |

| Jahr | Gattung | Art | Name |
|------|---------|-----|------|
| 1994 | *Furcifer* | *minor* | ? |
| 1995 | | *bifidus* | * v. DUIN |
| 1995 | | *labordi* | ? |
| 1995 | | *oustaleti* | * GRAF |
| 1998 | | *petteri* | * LEPTIEN/NAGEL |
| 1991 | *Rhampholeon* | *kerstenii* | * LEPTIEN |
| 1995 | | *brevicaudatus* | ? |
| 2002 | | *brevicaudatus* | * WAMPULA/KOLAR, E |

### Nachbemerkung

Trotz der beachtlichen Erfolge bei der Nachzucht von Chamäleons in Terrarien besonders in den letzten 25 Jahren darf man sich nicht darüber hinweg täuschen, dass die Erhaltung von Chamäleon-Arten, die sich in menschlicher Obhut befinden, die also mehr darstellt als eine zufällige, vereinzelte Nachzucht, nach wie vor sehr schwierig ist. Erfolge konnten immer nur sehr kurzzeitig erzielt werden. Nicht selten erloschen die Zuchtstämme nach der ersten Vermehrung oder, wenn es gut ging, nach wenigen Generationen. Ein Grund mag auch in dem mühevollen und vor allem zeitintensiven Arbeitsaufwand zu suchen sein. Auf diesem Gebiet ist von der Terraristik noch viel intensive Arbeit zu leisten.

00# Danksagung

# 6. Danksagung

Die Erarbeitung des vorstehenden Textes wurde nur durch die direkte und indirekte Hilfe eines großen Kreises von Terrarianern und Freunden möglich. Angaben in der Literatur, Mitteilungen und Gespräche konnten verarbeitet werden. Direkt bedanken möchte ich mich bei G. Hallmann, Dortmund, Prof. H.-G. Horn, Sprockhövel, Prof. R. Ippen, Berlin, H.A. Pederzani, Berlin, Dr. L. Sassenburg, Berlin. Die Durchsicht des Manuskripts erfolgte durch Dr. G. Köhler, Offenbach. Seine vielseitigen kritischen Hinweise, Ergänzungs- und Änderungsvorschläge sowie fachlichen Ratschläge wurden dankbar aufgegriffen. Bedanken möchte ich mich auch bei allen, die mir Fotos zur Verfügung gestellt haben, es sind dies A. Calgua, U. Dost, A. Flamme,

F. Glaw, A. Gutsche, F. Hausemann, R. Ippen, I. Kober, P. Kodym, W. Minuth, P. Nečas, J. Pietschmann/B. Klusmeyer, W. Schmidt und E. Wallikewitz. In ganz besonderem Maße bedanke ich mich bei meiner Frau Irene Masurat. Sie hat mich in über 50 Jahren meines Terrarianerlebens begleitet und aktiv Einfluss genommen. Sie war unersetzlich für den Bereich Fütterung einschließlich der vielseitigen Futterzuchten und betreute mit unendlicher Geduld die Aufzucht der Jungtiere. Kein Manuskript wäre ohne ihre Hilfe und kritischer Begleitung veröffentlicht worden. Wenn kleinere oder größere Erfolge erzielt wurden, waren sie immer Ausdruck dieser langjährigen intensiven Gemeinsamkeit.

Abb. 139. *Chamaeleo (Trioceros) jacksonii xantholophus*, Männchen.

95

# 7. Literatur

ATSATT, S.R. (1953) Storage of sperm in the female chameleon *Microsaura pumila pumila*. - Copeia: 59

BECH, R.(1982): Zur Haltung und Nachzucht *von Chamaeleo jacksonii* im Terrarium. - Aquarium Terrarium, 29 (3): 99-103

BECH, R & U. KADEN (1990): Vermehrung von Terrarientieren - Echsen. - Leipzig, Jena, Berlin: 167 S.

BERTIN, L. (1952): Oviparité, Ovoviviparité, Viviparité. - Bull. Soc. Zool. France 77: 84-88

BMLEF (1998): Gutachten über Mindestanforderungen an die Haltung von Reptilien. - Bonn, 76 S.

BREUER, A: (1994): Zur Aufzucht und Nachzucht des Zwergchamäleons *Bradypodion damaranum* (Boulenger, 1887) und *B. pumilum* (GMELIN,1789). - Sauria 16 (2): 21-26

BREUER, W.(1989): Atemrhytmus und Fortbewegung.- (Kurzberichte aus der Wissenschaft).- Naturwissenschaftliche Rundschau 42 (4): S 149 -150

BREUSTEDT, A:(1982):Nachzucht von *Chamaeleo jacksonii*. - elaphe 4 (1):4-5

BRYGOO, E.-R. (1971): Reptiles Sauriens Chamaeleonidae, Genre *Chamaeleo*. - Fauna de Madagascar, XXXIII: 1-317

BRYGOO, E.-R. (1978): Reptiles Sauriens Chamaeleonidae, Genre Brookesia et complément pour le genre *Chamaeleo*. - Fauna de Madagascar, 47: 1-173

CORNELISSEN, T.1970) Ich kann es immer noch nicht lassen. - DATZ 23 (2): 33-36

DENNERT, C. (1999): Ernährung europäischer Landschildkröten.- Reptilia, Teil 1: 4 (17): 32-39; Teil 2: 4 (18): 51-58

DGHT, AG Chamäleons (1998, 1999, 2000, 2001): Tagungsberichte. - ELAPHE 6 (3): 36-38; 7 (4): 32-33; 8 (4): 36-37; 9 (4): 43-44

DONOGHUE, S. (1996): Jackson´s chameleons, *Chamaeleo jacksonii*, Indoor Care, Feeding and Breeding. - The Vivarium 8 (1): 6-13

DOST, U. (2001): Nachwuchs beim Vierhornchamäleon, *Chamaeleo quadricornis*. - VDA-aktuell 4/2003: 59-65

DOST, U. (2001): Chamäleons - Stuttgart, 95 S.

DUIN, S.V. & F.V. DUIN(1985): Wereldprimeur: Nakweek *Chamaeleo bifidus*. - Doelgroep Kameleons 3 (1/2): 25-28

DURST, A. & A. RIMMELE (2001): Vorstellung der in der ZG Chamaeleonidae gezüchteten Chamäleons Teil VII: *Chamaeleo (Trioceros) deremensis* MATSCHIE, 1892. - Sauria 23 (1): 11-16  60

EGGERS, J: (1963): *Chamaeleo basilicus* im Terrarium - Aufzucht in der zweiten Generation. - DATZ 16: 242-346

EUSKIRCHEN, O., A. SCHMITZ & W. BÖHME (2000): Zur Herpetofauna einer montanen Regenwaldregion in SW-Kamerun (Mt.Kupe und Bakossi-Bergland). IV. Chamaeleonidae, biogeografische Diskussion und Schutzmaßnahmen. - herpetofauna 22(125): 21-34

FERGUSON, G.W. (1995): Panther Chameleon *(Chamaeleo pardalis)*. Part 1. - The Chameleons Keepers Reference Series, Vol 1: 5-32

FISCHER, J. V.(1882): Das Chamäleon *(Chamaeleo vulgaris),* sein Fang und Versand, seine Haltung und seine Fortpflanzung in der Gefangenschaft. - Zoolog. Garten 23: 4-13, 39-48, 70-82

FISCHER, J. V. (1884): Das Terrarium, seine Bepflanzung und Bevölkerung. - Frankfurt a.M.: 384 S.

FLAMME, A. (1996): Vorstellung der in der Zuchtgemeinschaft Chamaeleonidae gezüchteten Chamäleonarten Teil IV. *Brookesia thieli* BRYGOO & DOMERGUE,1969. - Sauria 18 (1):41-46

FLOERICKE, K. (1927) : Der Terrarienfreund. - Stuttgart

FRISCH, O. V. (1962): Biologische Beobachtungen am Zwergchamäleon *(Microsaura pumilus)*. - DATZ 15: 242-243

GOCKEL, M., H. HUFER & ST. KALLAS (2001): Biotopbeobachtung, Haltung und Vermehrung von *Bradypodion tenue* (MATSCHIE, 1892). - elaphe ) (2): 11-17

GRAF, A. (1995): Vorstellung der in der Zuchtgemeinschaft Chamaeleonidae gezüchteten Chamäleonarten Teil III. *Furcifer oustaleti* (MOCQUARD, 1894). - Sauria 17 (3): 23-28

GRAF, A. (1996): Vorstellung der in der Zuchtgemeinschaft Chamaeleonidae gezüchteten Chamäleonarten Teil V. *Bradypodion thamnobates* RAW, 1976. - Sauria 18 (2): 39-42

GRÜNEWALD, G., E. HÖLLER & D. STRANZ (1983): Länder und Klima - Afrika.- Wiesbaden 130 S.

Hausemann, F. (1996 ): Bemerkungen zu Ursachen und Behandlung der Legenot. Arbeitsgemeinschaft Chamäleons, - Mitteilungsblatt Nr. 17: 4-11

HEBRARD, J.J., S.M. REILLY & M. GUPPY (1982): Thermal ecology of *Chamaeleo höhnelii* and *Mabuya varia* in the Aberdare Mountains: Constraints of heterothermy in an alpine Habitat. - J. East Africa Nat. Hist. Soc. and Nat. Mus. 176:1-8

HENKEL, F.W. & S. HEINECKE (1995): Chamäleons im Terrarium. - Hannover: 158 S.

HILDENHAGEN,TH. (2001): Haltung und Nachzucht des Kammchamäleons *Chamaeleo (Trioceros) cristatus* (STUTCHBURY, 1837). - elaphe 9 (1): 2-9

HORN, H.-G. ( 2003): Beleuchtung im Terrarium,). In: SAUER, KH., H. SCHUCHART, B. STECK & H.-G. HORN: Praxisratgeber Vivarienbeleuchtung. - Frankfurt a.M.: 240 S.

HÖVELER, G. (1999) Haltung und Nachzucht von *Chamaeleo (Trioceros) wiedersheimi perreti* KLAVER & BÖHME, 1992. - elaphe 7 (1): 2-8

IPPEN, R. H.-D. SCHRÖDER & K. ELZE (1985): Handbuch der Zootierkrankheiten, Bd 1 Reptilien. Berlin: 432 S.

KABISCH, K. (1990): Wörterbuch der Herpetologie. - Jena, 477 S.

KÄSTLE, W. (1967): Soziale Verhaltensweisen von Chamäleonen aus der *pumilus*- und bitaeniatus-Gruppe. - Z. Tierpsychol. 24: 313-341

KLAVER, CH. J. J. & W. BÖHME (1997): Chamaeleonidae. - Das Tierreich, Teilband 112. Berlin, New York: 85 S.

KLAVER, CH. J.J. (1981): Chamaeleonidae. *Chamaeleo chamaeleon* (LINNAEUS, 1758) Gemeines oder Gewöhnliches Chamäleon. - In: Böhme, W. (Hg.): Handbuch der Reptilien und Amphibien Europas, Vol. 1: 217-238

KLINGELHÖFFER, W.(1957): Terrarienkunde 3. Teil: Echsen. - Stuttgart, 213-238

KÖHLER, G. (1996): Krankheiten der Reptilien und Amphibien. - Stuttgart, 160 S.

KÖHLER, G. (2004) Inkubation von Reptilieneiern. - Offenbach: 254 S.

KÖHLER, G. (2001): Der Grüne Leguan im Terrarium. - Offenbach: 79 S.

KÖPPEN, W. & R. GEIGER (1936): Handbuch der Klimakunde.- Berlin

KOPSTEIN, F. (1938): Ein Beitrag zur Eierkunde und zur Fortpflanzung der Malaiischen Reptilien. - Bull.Raffl. Mus. Singapore, 14: 81-167

KRISCHE, G. (1987): Futtermittelkunde. In: Berger, G. et al, Zootierhaltung, Grundlagen, Bd. 1. - Berlin: 460 S.

LANTZ, L.A. (1924): Note sur le caméléon vulgaire et sa reproduction en captivité. - Rev. Hist. Nat. Appl. 5. 9-12

LEPTIEN, R. (1988): Haltung und Nachzucht von *Furcifer polleni* (PETERS, 1873. - Salamandra 24 (2/3):81-86

LEPTIEN, R. (1989): Zur Haltung eines Weibchens von Chamaeleo ellioti Günther, 1895, mit dem Nachweis der Amphigonia retardata. - Salamandra 25 (1):21-24

LEPTIEN, R: (1991): Haltung und Nachzucht von *Rhampholeon kerstenii* (PETERS, 1868). - Salamandra 27 (1/2): 70-75

LEPTIEN, R. & F. NAGEL (1998): Ein seltener Gast im Terrarium, *Furcifer petteri* BRYGOO & DOMERGUE, 1966. - Sauria 20 (4): 23-28

LIPPE, R. (1994): Wieder eine gelungene Nachzucht eines Erdchamäleons (*Brookesia superciliaris* KUHL, 1820). Arbeitsgemeinschaft Chamäleons, - Mitteilungsblatt Nr. 12: 3-4

LIN, J. & C.E. NELSON (1981): Comparative reproductive biology of two sympatric tropical lizards *Chamaeleo jacksonii* BOULENGER and *Chamaeleo hoehnelii Steindachner* (Sauria: Chamaeleonidae). - Amphibia-Reptilia 2: 287-311

LUTZMANN, N. (1998): Anmerkungen zu einer Nachzuchtstatistik. - elaphe 6 (4): 76-79

LUTZMANN, N. (2002): *Chamaeleo (Trioceros) bitaeniatus* und seine Verwandten mit Anmerkungen zur Haltung und Vermehrung eines Vertreters der Gruppe. - Reptilia 7 (37): 36 43

MASURAT, G. & I. MASURAT (1995): *Chamaeleo (Trioceros) jacksonii* BOULENGER. - Sauria, Suppl. 17 (3): 321-328

MASURAT, G. & I. MASURAT (1995): *Bradypodion setaroi* RAW, 1976 - Ersthaltung und Fortpflanzung im Terrarium. Sauria 17 (2): 3-9

MASURAT, I. & G. MASURAT (1996): Nachzuchergebnisse bei *Chamaeleo jacksonii* BOULENGER, 1896 (Sauria: Chamaeleonidae über 15 Jahre. - Salamandra 32 (1): 1-12

MASURAT, G. (1996): Ein madagassisches Chamäleon: Vorkommen und Erfahrungen bei der Haltung und Vermehrung von *Furcifer campani*. - TI-Magazin 28 (131): 41-44

MASURAT, G. (1999): Futtertierbeschaffung - einmal anders. - TI-Aquaristik Fachmagazin 31 (146): 72-73

MASURAT, G. (2000): Chamäleons in menschlicher Obhut - Rückblick und heutiger Stand. - DRACO 1 (1)32-51

MATER, J.v. (1971: The natural history of two generations of *Chamaeleo jacksonii* in captivity. - Herpetology 5: 1-2

MEIER, M. (1977): Das Chamäleon in Afrika.- Tagesanzeiger, Magazin. Nr. 22 (4.6.1977), Zürich

MITIC, M:(2002): 10 Jahre Pflegestation - Erstzucht von Stummelschwanz- chamäleons (*Rhampholeon brevicau- datus*)! - Kamerad Tier (1):8-9

MÜLLER, H.D. (1999): Unerwartete Ergebnisse bei Temperaturmessun- gen in der Südsahara. - herpetofauna 21 (119): 16 -18

MOYL, M. (1989): Vitamin D and UV Radiation: Guidelines for the Herpetoculturist.- Proceedings of the 13th Intern. Herpetol. Symp., Phoenix, Ariz. USA

NEČAS, P.(1999): Chamäleons - Bunte Juwelen der Natur. - Frankfurt a.M., 351 S. 5

NERLINGER, J:( 1971): Zucht und Pflege von *Chamaeleo hoehnelii*. - Aquarien- u. Terrarien-Z. 14: 53-56; 91-94; 116- 117

Nietzke, G. (1969): Die Terrarientiere. Bd. 1 und 2.- Stuttgart 344 und 299 S.

OCHSENBEIN,A & M. ZAUGG ( 1992): Haltung und Aufzucht des Panther- chamäleons *Furcifer pardalis* (Cuvier, 1829). - herpetofauna 14 (79):6-12

PAASCH, J. (1994): Vierhorn-Chamäleons (*Chamaeleo quadricornis*) erstmals nachgezüchtet. - DATZ 47 (8): 493-495

PAASCH, J. (1995): Mitteilung über einen kleinen Nachzuchterfolg (erste be- kannte Eizeitigung) beim Kamm- chamäleon *(Chamaeleo cristatus)* aus Kamerun. Arbeitsgemeinschaft Cha- mäleons, - Mtteilungsblatt Nr. 14

PERLIK, R. (2001): Nechovatelny *Chamae- leo chamaeleon.* [Der unhaltbare *Chamaeleo chamaeleon.*] - Akvárium terárium 44 (6): 68-70 (tschech.)

PETZOLD, H.-G. (1982): Aufgaben und Probleme bei der Erforschung der Lebensäußerungen der Niederen Amnioten . - MILU 5 (4/5): 485-786 (Berliner Tierpark Buch 38)

PIETSCHMANN, J. (1995) Vorstellung der in der Zuchtgemeinschaft Chamä- leons gezüchteten Chamäleonarten Teil II. *Chamaeleo (Trioceros) wieder- sheimi* NIEDEN, 1910, und die Zucht von *Chamaeleo (Trioceros) wieder- sheimi perreti* KLAVER & BÖHME, 1992. - Sauria 17 (2): 25-30

PROY, CH. (1998): Nachzucht bei beschlagnahmten Chamäleons (*Chamaeleo hoehnelii*).- 22. Inter- nationales Symposion für Vivaristik. Wien: 53

RIMMELE, A (1999): Vorstellung der in der Zuchtgemeinschaft Chamäleons ge- züchteten Chamäleons Teil VI: Erkenntnisse aus der mehrjährigen Pflege und Zucht, sowie einige Freilandbeobachtungen am Panther- chamäleon, *Furcifer pardalis* (CUVIER,1829). - Sauria 21 (2): 27-36

Röll, B & F. W. Henkel: (2003): Männlein oder Weiblein?- Reptilia 8 (5): S. 68-71

SAINT GIRON, H. (1962): Présence de réceptacles séminaux chez les Ca- méléons. - Beaufortia 9 (106): 165-172

SASSENBURG, L.(1992):Beiträge zur Fort- pflanzung und den Fortpflanzungs- störungen bei Reptilien. - Grundlagen der Reptilienmedizin:Tagung der Fachgruppe Kleintierkrankheiten, Berlin: 10-18

SCHMIDT, K. (1995): *Calumma nasuta* - ein Praxisbericht. 19. Internationales Symposion für Vivaristik.- Dokumen- tation: Wien: 73-75

SCHMIDT, W. (1986):Über die Haltung und Zucht von *Chamaeleo lateralis* (Gray, 1831). - Salamandra 22 (2/3): 105-112

SCHMIDT, W. (1988): Zeitigungsversuche mit Eiern des madagassischen Cha- mäleons *Furcifer lateralis* (GRAY, 1831). - Salamandra 24 (2/3): 182-183

SCHMIDT, W., F.W. HENKEL & W. BÖHME (1989): Zur Haltung und Fortpflanzungsbiologie von *Brookesia stumpffi* BOETTGER, 1894. - Salamandra 25 (1): 14-20

SCHMIDT, W. (1999): *Chamaeleo calyptratus*. Das Jemenchamäleon. - Münster: 79 S.

SCHMIDT, W. (1992): Über die erstmals gelungene Nachzucht von *Furcifer campani* (GRANDIDIER,1872) sowie eine Zusammenstellung einiger Ei-Zeitigungsdaten von verschiedenen Chamäleon-Arten in Tabellenform. - Sauria 14 (3): 21-23

SCHMIDT, W., K. TAMM & E. WALLIKEWITZ (1996): Chamäleons, Drachen unserer Zeit. - Münster: 160 S.

SCHOTT, W. (2000): Haltung und Vermehrung des Uganda-Dreihornchamäleons *Chamaeleo (Trioceros) johnstoni* BOULENGER, 1901. - elaphe 8 (3): 2-10

SCHUSTER, M. (1979) Experimentelle Untersuchungen zum Beutefang-, Kampf- und Fortpflanzungsverhalten von *Chamaeleo jacksonii*. - Diss. Münster: 125 S.

SCHUSTER, M. (1984): Zum fortpflanzungsbiologischen Verhalten von *Chamaeleo jacksoni* BOULENGER, 1896). - Salamandra 20 (2/3): 88-100

SHAW, C.E. (1960): Notes on the eggs, incubation and Young of the *Chamaeleo basiliscus*. - Br. J. Herpet. 2: 182-185

TAMM, K., V. MÜLLER & W. SCHMIDT (1988): Haltung und Zucht von *Furcifer cephalolepis*. - herpetofauna 10 (57): 11-14

TOXOPEUS, A. G., J.P. KRUIJT & D. HILLENIUS (1988): Pair-Bonding in Chameleons. - Naturwissenschaften 75: 268-269

TRÖGER, M. (1993): Nachzucht von *Bradypodion fischeri tavetanus*. - Arbeitsgemeinschaft Chamäleons, Mitteilungsblatt Nr. 9

TRÖGER, M.(1995): Vorstellung der in der Zuchtgemeinschaft Chamaeleonidae gezüchteten Chamäleons Teil I: *Chamaeleo (Trioceros) melleri* (GRAY, 1864). - Sauria 17 (1): 15-20

TRÖGER, M. (1996): Anmerkungen zu langjähriger Pflege, Haltung und ersten Schritten der Nachzucht von *Calumma parsonii* (CUVIER, 1824). - elaphe 4 (4): 2-12

UETZ, P. (1983): Bemerkungen zur Inkubation von *Chamaeleo laevigatus* unter künstlichen Bedingungen. - herpetofauna 5(22):26-27

UETZ, P. (1989): Zum Wachstum und Alter von *Chamaeleo ellioti* GÜNTHER, 1895. - Sauria 11 (4): 27-29

WACHTEL,H: (1965): Haltung und Aufzucht des Zwergchamäleons *Chamaeleo (Microsaura) pumilus*. - Aquar. und Terrarien-Z. 18: 344-346

WAGLER, V.A. (1984): The life of the Chameleon. - Durban: 35 S.

WALLIKEWITZ, E. & A. WALLIKEWITZ (1992): Einige Beobachtungen zur Haltung, Nachzucht und zum Verhalten von *Chamaeleo montium* BUCHHOLZ, 1874. - herpetofauna 14 (81): 6-10

ZWART, P. (1980): Nutrition and nutritional disturbances in reptiles. - Proc. Europ. Herp. Symp, Oxford (75-80)

# 8. Anhang

Zum Verständnis der in den nachfolgenden Tabellen gewählten Darstellung sei folgendes angemerkt:

„*B. tavetanum* (28-) 30-40 (-50) Tage" bedeutet, dass die Trächtigkeit bei dieser Art überwiegend mit 30 bis 40 Tagen angegeben wird, in Ausnahmefällen aber auch kürzere (bis 28) oder längere (bis 50 Tage) Zeitabschnitte beobachtet wurden.

8.1. Inhaltsstoffe einiger Futtertiere sowie pflanzlicher Produkte als gelegentliche Zusatznahrung für einige Chamäleon-Arten und zur Aufwertung von Futtertieren.
Zusammenstellung unter Verwendung von Angaben von DONOGHUE 1996, KÖHLER 1996, 2001, KRISCHE 1987, ZWART 1980.

Futtertiere:

| | Trocken-substanz % | Eiweiß % | Fett % | Kohlen-hydrate % | Kalzium mg/100g | Phosphor mg/100g | Ca:P |
|---|---|---|---|---|---|---|---|
| Heimchen | 31,0-48,0 | | | | | | 1:9 |
| Grille | 38,2 | 20,4-21,1 | 11,5 | | 340 | 859 | 1:2,5 (-13,0) |
| Heuschrecke | 31,2-38,0 | 19,2 | 6,0 | | | | 1:7,5 |
| Mehlwurm | 38,0-50,2 | 17,9 | 13,3 | | | | 1:3,1 (-12,0) |
| Maikäfer | 30,0 | 20,0 | 3,7 | | | | |
| Fliegenmade | 28,8 | 8,6 15,5 | 6,8 8,6 | | | | 1:2,3 |
| Wachsmade | 57,0-63,0 | 42,0 | | | | | 1:9 |
| Seidenraupe | 50,0-76,0 | | | | | | |
| dito, Schrot | 88,0 | 52,1 | 21,8 | | 210 | 770 | 1:3,6 |
| Maus | | 19,9 | 8,8 | | 840 | 610 | **1,4:1** |

Der Mineralstoffgehalt variiert je nach dem konsumierten natürlichen oder dem Futter zugesetzten Mineralstoffen

## Pflanzliche Produkte als Zusatznahrung für Chamäleons:

| | Trocken-substanz % | Eiweiß % | Fett % | Kohlen-hydrate % | Kalzium mg/100g | Phosphor mg/100g | Ca:P |
|---|---|---|---|---|---|---|---|
| Apfel | 16,8 | 0,2-0,3 | 0,3-0,6 | 13,5-13,9 | bis 7 | 10 | 1:1,4 |
| Apfelsine | 12,5 | 0,9 | 0,2 | 10,6 | | | |
| Aprikose | | 1,0 | 0,2 | 12,3 | 17 | 11 | **1,5:1** |
| Banane | 33,2 | 1,1-1,5 | 0,2-0,6 | 21,8-29,4 | 8-10 | 27-40 | 1:3,4-1,4 |
| Birne | 16,1 | 0,6-2,0 | 0,4 | 12,9-13,0 | 10 | 14 | 1:1,4 |
| Erdbeere | | 0,8 | 0,5 | bis 8,3 | 24 | 25 | 1:1,1 |
| Kiwi | | 0,9 | 0,6 | 12,5 | 40 | 31 | **1,3:1** |
| Pfirsich | | 0,7 | 0,1 | 10,1 | 8 | 21 | 1:2,7 |
| Pflaume | 16,0 | 0,7 | 0,4 | 13,9 | 15 | 20 | 1:1,3 |
| Tomate | bis 6,1 | 1,0 | 0.2 -0,3 | 2,9-3,5 | 13 | 27 | 1:2,1 |
| Weinbeere | | 0,7 | 0,3 | 18,1 | 15 | 20 | 1:1,3 |

siehe auch Klee, Löwenzahn u.a.

## Pflanzliche Produkte als Zusatznahrung für Futtertiere:

| Brennnessel | 23,0 | 5,2-5,7 | 0,7 | 8,5 | | | |
|---|---|---|---|---|---|---|---|
| Esche, Laub | 27,1 | 4,9 | 1,0 | 13,7 | 650 | 50 | **13,1:1** |
| Gras | 16,1 | 2,6 | 0,7 | 7,1 | 110 | 60 | **1,8:1** |
| Gurke | 5,7 | 0,2-0,6 | 0,2 | 3,1-4,0 | 15 | 23 | 1:1,5 |
| Karotte | 12,1 | 1,1 | 0,2 | 8,8 | 37-60 | 36-60 | **1,1:1** |
| Karottenkraut | 16,5 | 2,6 | 0,5 | 7,1 | 330 | 50 | **6,0:1** |
| Klee, Rot- | 13,0-20,5 | 2,7-3,8 | 0,6-0,8 | 5,7-9,2 | 240-350 | 40-60 | **6,0:1** |
| Kohl, Blatt | 10,5 | 2,0 | 0,3 | 5,5 | 50 | 30 | **1,6:1** |
| Löwenzahn | | 2,6 | 0,6 | 9,2 | 174 | 70 | **2,5:1** |
| Mais, Blatt | 17,0 | 1,4 | 0,4 | 9,9 | 80 | 40 | **2,0:1** |
| Salat | 8,5 | 1,4-1,7 | 0,2-0,3 | 2,6-3,8 | 38 | 32 | **1,2:1** |

8.2. Einzel- bzw. Gemeinschaftshaltung adulter Chamäleons. Zusammengestellt unter vorrangiger Einbeziehung der Angaben von NECAS 1999.

| Art | Einzel-haltung zwingend | Vergesellschaftung möglich | | | |
|---|---|---|---|---|---|
| | | zeitweilig, zur Paarungszeit | ständig | | |
| | | | paarweise | 1 Männchen und mehrere Weibchen | mehrere Weibchen |
| **Bradypodion** | | | | | ✓ |
| pumilum pumilum | | | | | ✓ |
| pumilum damaranum | | | | | ✓ |
| pumilum karrooicum | | | | | ✓ |
| setaroi | | | | | ✓ |
| thamnobates | | | | ✓ | ✓ |
| | | | | | |
| **Brookesia** | | | | | |
| ebenaui | ✓ | | | | |
| minima | | | | | ✓ |
| stumpffi | ✓ | | | | |
| superciliaris | | | | | ✓ |
| | | | | | |
| **Calumma** | | | ✓ | | |
| boettgeri | ✓ | | | | |
| brevicornis | | | | | |
| hilleniusi | ✓ | | | | |
| globifer | | | ✓ | | ✓ |
| nasutu | | | ✓ | | ✓ |
| parsonii | | | ✓ | | |
| | | | | | |
| **Chamaeleo** (**Chamaeleo**) | | | | | |
| africanus | | | ✓ | | |
| chamaeleon | ✓ | | | | |
| dilepis | | | | | |
| gracilis | | | | | |
| namaquensis | | | | | |

**103**

| Art | Einzel-haltung zwingend | Vergesellschaftung möglich | | | |
| | | zeitweilig, zur Paarungszeit | ständig | | |
| | | | paarweise | 1 Männchen und mehrere Weibchen | mehrere Weibchen |
| **Chamaeleo (Trioceros)** | | | | | |
| *affinis* | | | ✓ | ✓ | ✓ |
| *bitaeniatus* | | | ✓ | | |
| *ellioti* | | | ✓ | | |
| *hoehnelii* | | | ✓ | ✓ | ✓ |
| *jacksonii* | | | ✓ | ✓ | ✓ |
| *johnstoni* | ✓ | | | | |
| *melleri* | | | | | ✓ |
| *montium* | | ✓ | | | |
| *oweni* | ✓ | | | | |
| | | | | | |
| **Furcifer** | | | | | |
| *campani* | ✓ | | | | |
| *cephalolepis* | ✓ | | | | |
| *lateralis* | ✓ | | | | |
| *oustaleti* | ✓ | | | | |
| *petteri* | ✓ | | | | |

## 8. 3. Sexualdimorphismus bei Chamäleons

| Art | Kopfanhänge Männchen | Körperanhänge, Körperfarbe Männchen | Fersensporn Männchen | Größe des Männchens im Vergleich zum Weibchen |
|---|---|---|---|---|
| **Bradypodion** | | | | |
| carpenteri | Schnauzenfortsatz, Helm | | | |
| fischeri | 2 Nasenfortsätze | Rückenkamm, seitl. gelber Fleck | | größer |
| oxyrhinum | 1 Nasenfortsatz | | | größer |
| p. pumilum | | | | größer |
| p. damaranum | Helm größer, Kämme deutlich | bunter | | größer |
| p. melanocephalum | | | | Schwanz länger als der Körper |
| setaroi | | Farben deutlicher | | |
| tavetanum | 1 Nasenfortsatz | Männchen: braun-grün, bunt Weibchen: grün | | |
| tenui | 1 Nasenfortsatz, braun, bei Weibchen kleiner, grün | | | |
| thamnobates | | | | kleiner, Schwanz länger |
| | | | | |
| **Brookesia** | | | | |
| decaryi | | | | kleiner |
| minima | | | | kleiner |
| nasus | Tuberkel über den Augen und den Nasenlöchern | Rücken durch Tuberkel wellig | | |
| peyrierasi | | | | kleiner, zierlicher |
| stumpffi | | | | kleiner |
| thieli | | | | kleiner |

| Art | Kopfanhänge Männchen | Körperanhänge, Körperfarbe Männchen | Fersen-sporn Männ-chen | Größe des Männchens im Vergleich zum Weibchen |
|---|---|---|---|---|
| *Calumma* | | | | |
| *b. brevicornis* | Schnauzenfortsatz | | | größer |
| *b. hilleniuisi* | Tuberkelschuppen | | | |
| *furcifer* | 2 gebogene Hörner | | | |
| *gallus* | 1 langes Horn | | | |
| *globifer* | 2 stumpfe Hörner Helm größer | | | |
| *malte* | 1 Schnauzenfortsatz | | | |
| *nasuta* | Nasenfortsatz zur Balz blau, Flanken ohne blaue Flecken (aber ?) | | | |
| *oshaughnessyi* | 2 Nasenfortsätze | | | |
| *parsonii* | 2 kräftige Nasen-fortsätze | | | |
| | | | | |
| *Chamaeleo (Chamaeleo)* | | | | |
| *africanus* | | | ja | |
| *arabicus* | | | ja | |
| *calyptratus* | Helm größer | bunter | ja | größer |
| *chamaeleon* | Helm etwas höher | | ja, z.T. | kleiner |
| *dilepis* | Helm und Occipi-tallappen größer | | ja | kleiner |
| *gracilis* | | | ja | |
| *monachus* | | | ja | |
| *namaquensis* | | | | kleiner |
| *quilensis* | | | ja | |
| *ruspoli* | | | ja | |
| *senegalensis* | | Interstitialhaut orange | | kleiner |
| *zeylanicus* | | | ja, z.T. auch Weib-chen?! | |

| Art | Kopfanhänge Männchen | Körperanhänge, Körperfarbe Männchen | Fersensporn Männchen | Größe des Männchens im Vergleich zum Weibchen |
|---|---|---|---|---|
| *Chamaeleo* (*Trioceros*) | | | | |
| *affinis* | | | | kleiner und zierlicher |
| *bitaeniatus* | | bräunlich | | kleiner, Schwanz kürzer |
| *cristatus* | Helm größer | Segel größer, Männchen überw. braun | | kleiner |
| *deremensis* | 3 runde Hörner | | | |
| *ellioti* | | Männchen bunter | | kleiner |
| *hoehnelii* | Helm und Nasenfortsatz größer | Beschuppung heterogen | | |
| *fuelleborni* | 3 Hörner (beim Weibchen nur als Ansatz) | | | |
| *jacksonii* | 3 Hörner (Weibchen je nach ssp. 0...3) | | | |
| *johnstoni* | 3 Hörner | | | größer |
| *melleri* | Nasenfortsatz und Occipitallappen größer | Rückenkamm größer | | größer |
| *montium* | 2 Hörner | Rücken- und Schwanzsegel | | größer |
| *oweni* | 3 Hörner | | | größer |
| *quadricornis* | 4 gebogene Hörner, hoher Helm, Kehlkamm | Hautsaum | | wesentlich größer |
| *werneri* | 3 Hörner (Weibchen 1) | | | größer |
| *wiedersheimi* | | Rückenkamm | | kleiner |

**107**

| Art | Kopfanhänge Männchen | Körperanhänge, Körperfarbe Männchen | Fersen-sporn Männ-chen | Größe des Männchens im Vergleich zum Weibchen |
|---|---|---|---|---|
| *Furcifer* | | | | |
| *antimena* | größerer Nasen-fortsatz, großer Helm | Rückenstacheln bis zum Schwanz | | größer |
| *balteatus* | 2 Schnauzenfortsätze | | | |
| *bifidus* | 2 Schnauzenfortsätze | | | großer |
| *campani* | | Balz: hellblaue Punkte seitlich | | |
| *cephalolepis* | Rostralausläufer überragt Schnau-zenspitze | | | |
| *labordi* | Helm und Nasen-fortsatz größer | Rückenkamm be-stachelt | | größer |
| *minor* | Schnauzenfortsatz | | | |
| *oustaletis* | Helm größer | | | größer |
| *pardalis* | 2 Nasenfortsätze | bunter, grün | | größer |
| *petteri* | 2 Nasenfortsätze | Balz: Seitenstreifen hellblau oder weiß (Weibchen gelb) | | größer |
| *polleni* | Helm höher | | | größer |
| *rhinoceratus* | Schnauzenfortsatz größer | | | |
| *verrucosus* | Helm etwas höher | | | |
| *willsii* | 2 Schnauzenfortsätze | | | |
| | | | | |
| *Rhampholeon* | | | | |
| *kerstenii* | | | | kleiner |
| *marshalli* | | | | kleiner |

8.4. Klimagebiete, Klimadaten, Ruhezeiten
Zusammenstellung unter Verwendung der Angaben von GRÜNEWALD et al. (1983), KÖPPEN (1930 ff.) und NECAS (1999).

## Gebiete mit tropischem Klima

| Regenwaldklima | hohe Luftfeuchte | hohe gleichmäßige Temperatur (>20 °C) | gleichmäßig verteilte Niederschläge |
|---|---|---|---|
| **vorkommende Arten** | ***Bradypodion*** *adolfifriderici, B. carpenteri, B. oxyrhinum, B. spinosum, B. tenue, B. xenorhinum*<br>***Brookesia*** *ambreensis, B. antakarana, B. bekolosy, B. betschi, B. bonsi, B. brygooi, B. dentata, B. ebenaui, B. exarmata, B. karcheri, B. lambertoni, B. lineata B. lolontany, B. minima, B. nasus, B. peyrierasi, B. stumpffi, B. superciliaris, B. therezieni, B. thieli,B. vadoni, B valerieae*<br>***Calumma*** *boettgeri, C. brevicornis, C. cucullata, C. fallax, C. furcifer C. gallus, C. gastrotaenia, C. glawi, C. globifer, C. malthe, C. nasuta, C. oshaughnessyi, C. parsonii, C. tigris*<br>***Chamaeleo*** (***Chamaeleo***) *anchieti, Ch. etiennei, Ch. zeylanicus*<br>***Chamaeleo*** (***Trioceros***) *camerunensis, Ch. chapini, Ch. conirostratus, Ch. cristatus, Ch. eisentrauti, Ch. feae, Ch. incornutus, Ch. ituriensis, Ch. laterispinis, Ch. montium, Ch. oweni, Ch. tempeli*<br>***Furcifer*** *balteatus, F. bifidus, F. cephalolepis, F. lateralis, F. minor, F. pardalis, F.polleni, F. willsii*<br>***Rhampholeon*** *boulengeri, Rh. brachyurus, Rh. brevicaudatus, Rh. spectrum, Rh. temporalis* |
| **Ruhezeiten** | keine |

| Savannenklima | hohe Luftfeuchte | hohe gleichmäßige Temperatur (>20 °C) | hohe Niederschläge wechseln mit Trockenzeiten ab (ausgeprägter mit zunehmender Entfernung vom Äquator) |
|---|---|---|---|
| **vorkommende Arten** | ***Bradypodion*** *excubitor, B. uthmoelleri*<br>***Chamaeleo*** (*Ch.*) *anchieti, Ch. calcaricarens, Ch. laevigatus, Ch. quilensis, Ch. roperi, Ch. senegalensis, Ch. zeylanicus*<br>***Chamaeleo*** (*T*) *affinis, Ch. bitaeniatus, Ch. ellioti, Ch. goetzei, Ch. hoehnelii, Ch. jacksonii, Ch. johnstoni, Ch. melleri, Ch. montium, Ch.wiedersheimi*<br>***Furcifer*** *campani, F. lateralis, F. oustaleti,*<br>***Rhampholeon*** *kerstenii* |
| **Ruhezeiten** | keine |

## Gebiete mit Trockenklima

| Steppenklima | niedrige Luftfeuchte | Temperaturen ausgeglichen | geringe Niederschläge (< 500mm/a), im Sommer höher als im Winter |
|---|---|---|---|
| vorkommende Arten | **Bradypodion** *dracomontanum, Br. mlanjense, Br. nemorale, Br. pumilum, Br. setaroi, Br. tavetanum, B. thamnobates,* **Brookesia** *decaryi, Br. perarmata,* **Chamaeleo** *(Ch.) africanus, Ch. arabicus, Ch. calyptratus, Ch. dilepis, Ch. etiennei, Ch. gracilis, Ch. chamaeleon, Ch. laevi-gatus, Ch. monachus, Ch. quilensis, Ch. senegalensis,* **Calumma** *gastrotacnia,* **Chamaeleo** *(T.) bitaeniatus, Ch. ellioti, Ch. jacksonii, Ch. melleri,* **Furcifer** *angeli, F. antinema, F. belalandaensis, F. labordi, F. lateralis, F. major, F. minor, F. monoceras, F. oustaleti, F.parda-lis, F. rhinoceratis, F. tuzetae, F. verrucosus,* **Rhampholeon** *kerstenii, Rh. marshalli, Rh.spectrum* | | |
| **Ruhezeiten** | für einzelne Arten ist je nach Herkunft eine Sommerruhe während der Trockenzeit empfehlenswert | | |

| Wüstenklima | niedrige Luftfeuchte | starke Temperaturschwankung zwischen Tag und Nacht | fehlende oder geringste Niederschläge (< 100mm/a) |
|---|---|---|---|
| vorkommende Arten | **Chamaeleo** *(Ch.) chamaeleon saharicus, Ch. namaquensis* | | |
| **Ruhezeiten** | keine | | |

110

## Gebiete mit warmgemäßigtem Klima

| warmes sommer-trockenes (medi-terranes) Klima | Luftfeuchte im Winter hoch (>90%) | warme Sommer (>22°C) milde Winter (~10°C) | Niederschläge im Winter höher als im Sommer |
|---|---|---|---|
| **vorkommende Arten** | *Chamaeleo* (*Ch.*) *africanus*, *Ch. chamaeleon* (Mittelmeergebiet) *Bradypodion dracomontanum. Br. pumilum, Br.thamnobates* (Südafrika) | | |
| **Ruhezeiten** | für mediterrane Arten erforderlich: *Ch. africanus* einige Wochen bei 10 bis 14 °C, *Ch. chamaeleon* November bis April bei 13 bis 18 °C, für südafrikanische *Bradypodion*-Arten: noch ungewiss. | | |

## Montanklima

| 1500 bis 4500 m NN | Die absoluten Klimadaten der einzelnen Gebirgslagen sind unein-heitlich, gemeinsam sind aber die mit zunehmender Höhe aus-geprägten zunehmenden Temperaturunterschiede zwischen Tag und Nacht (10 °C und mehr) sowie ein bis zwei Regenzeiten. |
|---|---|
| **vorkommende Arten** | *Bradypodion carpenteri, Br. fischeri, Br. tavetanum, Br. uthmoelleri,* *Calumma guibei, C. hilleniusi, C. linota, C. peyrierasi, C. tsaratananensis,* *Chamaeleo* (*Ch.*) *calcaricarens,,Ch. roperi,* *Chameleo* (*T.*) *affinis, Ch. balebiocornatus, Ch. deremensis, Ch. ellioti, Ch. fuelle borni, Ch, harennae, Ch. hoehnelii, Ch. jacksonii, Ch. john- stoni, Ch kinetensis, Ch. marsabitensis, Ch. pfefferi, Ch. quadricornis, Ch. rudis, Ch. schoutedeni, Ch. schubotzi, Ch. sternfeldi, Ch. tremperi,Ch. werneri, Ch. wiedersheimi,* *Furcifer petteri,* *Rhampholeon boulengeri, Rh. chapmanorum, Rh. marshalli, Rh. nchisiensis, Rh. platyceps, Rh. ulugurensis* |
| **Ruhezeiten** | keine |

## 8.5. Balz und Paarung

| Art | Stimulierung | Paarungsbereitschaft des Weibchens | Kopulation: Zeitabschnitt | Dauer | Wiederholung | erneut nach ... oder innerhalb von ... Tagen |
|---|---|---|---|---|---|---|
| *Bradypodion* | | | | | | |
| *fischeri* | | 7-10 Tage | | 10-20 min | | |
| *p. pumilum* | Sonne Rückenbiss | 1 Tag | 10 Monate im Jahr | 10-30 min | mehrmals am Tage und in der Woche | |
| *p. damaranum* | | | | 20-30 min | | |
| *p. karrooicum* | | | | wenige min | | |
| *setaroi* | | ganz-jährig | | kurz | | nach 21-52 Tagen |
| *tavetanum* | | ganz-jährig | | 5 min | mehrmals | |
| *thamnobates* | | | | 5-25 min | | |
| | | | | | | |
| *Brookesia* | | | | | | |
| *decaryi* | Männchen reiten | | | | | |
| *minima* | Männchen reiten | Februar | Dunkel-heit | | | |
| *stumpffi* | Männchen begleitet Weibchen | | | 5 min | | nach 20-40 Tagen |
| *superciliaris* | Männchen begleitet Weibchen | | | 30-45 min | bis 1 Woche mehrmals täglich | |
| *thieli* | Männchen begleitet Weibchen | Nov-Mai | | 20-30 min | | |
| | | | | | | |
| *Calumma* | | | | | | |
| *boettgeri* | | | | bis 10 min | | |
| *brevicornis* | | | | bis 30 min | | |
| *nasuta* | | | | bis 20 min | an mehre-renTagen | |
| *parsonii* | 3-5 Monate nach Über-winterung | | | 10-30 min | bis 10 x in 6-8 Wochen, Juni/Juli | |

| Art | Stimulierung | Paarungsbe reitschaft des Weibchens | Kopula- tion: Zeitab- schnitt | Dauer | Wiederholung | erneut nach ... oder innerhalb von ... Tagen |
|---|---|---|---|---|---|---|
| **Chamaeleo (Chamaeleo)** | | | | | | |
| *africanus* | einige Wochen bei 10-14 °C halten | | Aug./ Sept. | | täglich, 4 Wochen | |
| *calyptratus* | | 3-4 oder 10-15 Tage | ganzjäh- rig, mehr- mals im Jahr (bis 4 x) | 10-30 min | mehrmals täglich, auch an anderen Tagen | nach 60-120 Tagen |
| *chamaeleon* | Überwin- terung bei 13- 18 °C | bis 14 Tage | (Mai-) Aug. bis Sept. | 5-20 min | mehrmals täglich, auch an anderen Tagen | nach 90 Tagen |
| *dilepis* | | | | 20-60 min | 3-4 x täglich | nach 90-120 Tagen |
| *gracilis* | | | | 2-20 min | mehrmals | |
| *namaquensis* | | | | 5-10 min | mehrmals bis 7 Tage | |
| *quilensis* | | | | 20 min | | |
| *senegalensis* | | | | wenige min | mehrfach | |
| **Chamaeleo (Trioceros)** | | | | | | |
| *affinis* | | | 1 x jährlich | bis fast 5 h | keine | |
| *bitaeniatus* | | | ganz- jährig | einige min | | |
| *cristatus* | | | | bis 1 h | | |
| *deremensis* | Jahresrhyth- mik, z.B.: Winter 8 h Licht bei 16- 10 °C, Sommer 14 h Licht bei 20-33 °C | | | 30 min | mehrmals innerhalb 6 Tagen | |
| *ellioti* | | | ganzjäh- rig 2-4 x | 15 min | | 14 Tage |
| *hoehnelii* | Jahres- rhythmik | 4-6 Tage | 1-2 x jährlich | 10-30 min | mehrfach | nach 40-50 Tagen |

**113**

| Art | Stimulierung | Paarungsbereitschaft des Weibchens | Kopulation: Zeitabschnitt | Dauer | Wiederholung | erneut nach ... oder innerhalb von ... Tagen |
|---|---|---|---|---|---|---|
| *jacksonii* | Jahresrhythmik (Regenzeiten) | 11 Tage | 2 x jährlich | 10-30 min | mehrfach bis 11Tage | 20 Tage |
| *johnstoni* | | | ganzjährig | 5-10 min | mehrfach | |
| *melleri* | | | | über 5 min | | |
| *montium* | | bis 3 Tage | ganzjährig | 4-20 min | mehrmals | |
| *quadricornis* | Winter bei 8-12 °C | | | | | 56 Tage |
| | | | | | | |
| **Furcifer** | | | | | | |
| *antimena* | Winterruhe | | | | | |
| *campani* | | | | wenige min | | |
| *cephalolepis* | | 3 Tage | | 5 min | mehrmals | |
| *lateralis* | | 3 Tage | | 5-10 (-21) min | nur 1 x | 14 Tage |
| *oustaleti* | | | | 5-8 (-20) min | mehrmals | |
| *pardalis* | | 30-60 Tage | ganzjährig | 10-30 min bei 25 °C | mehrmals an mehreren Tagen | 15-28 (-60) Tage |
| *petteri* | | 4-5 Tage | ganzjährig, bis 7 x | bis 30-60 min | keine | 5-10 Tagen |
| | | | | | | |
| **Rhampholeon** | | | | | | |
| *brevicaudatus* | | | | 5 min | | |
| *kerstenii* | Reiten, mehrtägig | | | | | |
| *marshalli* | Reiten, mehrtägig | | Nov./ Dez. | | | |
| *spectrum* | | | | mehrere min | | |

## 8.6. Weibchen und Eigelege, Masseanteile

| Datum | Weibchen (g) | Gelegegröße (Anzahl der Eier) | Eigelege (g) | Anteil (Eier:Weibchen) |
|---|---|---|---|---|
| *Chamaeleo chamaeleon* (eigene Messung) | | | | |
| 15.11.1966 | 68 | 20 | 17,2 | 25,3 % |
| 29.07.1967 | 86 | 36 | 30,0 | 34,9 % |
| *Calumma parsonii* (nach KALISCH 1995) | 325 | | 68 | 20.9% |

## 8.7. Trächtigkeit

| Art | Häufig-keit/Jahr | Dauer in Tagen | Unterbrechung der Eientwicklung | Amphigonia retardata |
|---|---|---|---|---|
| **Bradypodion** | | | | |
| fischeri | | (40-) 47-55 | | |
| nemorale | | 90-105 | | |
| p. pumilum | 4 x | 90-105 | | ja |
| p. damaranum | | 120-160 | | |
| p. gutturale | 1 x | 150 | | |
| p. karrooicum | 2 x | 120-160 | | |
| p. transvaalense | | 120 | | |
| p. ventrale | 1-2 x | 120 | | |
| setaroi | 4 x | 70-93 | | ja |
| tavetanum | | (28-) 30-40  (-50) | | |
| thamnobates | 1 x | (90-)120-180  (-270) | | |
| uthmoelleri | | 147 | | |
| | | | | wird für alle Arten dieser Gattung vermutet |
| | | | | |
| **Brookesia** | | | | |
| ebenaui | | 40 | | |
| minima | | 28-42 (-112?) | | |
| stumpffi | 4 x | 35-42 | | |
| superciliaris | | 40-45 | | |
| thieli | 5 x (?) | 28-30 | | |
| | | | | |
| **Calumma** | | | | |
| boettgeri | | | | |
| b. brevicornis | | 30-40 (-180) | | |
| b. hilleniuisi | | 30-40 | | |
| nasuta | | 30-50 | | |
| parsonii | | 120-150 | | |

| Art | Häufigkeit/ Jahr | Dauer in Tagen | Unterbrechung der Eientwicklung | Amphigonia retardata |
|---|---|---|---|---|
| **Chamaeleo (Chamaeleo)** | | | | |
| africanus | | (28-) 45-55 (-60) | | ja |
| calyptratus | 3-4 x | 20-30 (-50) | | ja |
| chamaeleon | 1 x | 40-60 | ja (~Nov-April) | ja |
| dilepis | -3 x | 30-50 (-90) | | |
| gracilis | | 30-45 Natur 90-120 | | |
| laevigatus | | 50 | | |
| namaquensis | 2-3 x | 100 | | |
| quilensis | | 30-50, je nach Herk. | | |
| senegalensis | | 42-56 | | |
| zeylanicus | | 35 | | |
| | | | | |
| **Chamaeleo (Trioceros)** | | | | |
| affinis | | 90-150 | | |
| bitaeniatus | | 150-180 | | ja |
| cristatus | | 60 | | |
| deremensis | | 120 | | |
| ellioti | | 90-160 | | ja |
| fuelleborni | | 210-270 | | |
| hoehnelii | 1-2 x (Terr.) | (120-)150-180 (-240) | | ja |
| j. jacksonii | | 174-236 | | |
| j. merumontanus | | 105-180 (-270) | | |
| j. xantholophus | 2 x (Terr.) | 171-193 | | |
| johnstoni | | 90-120 | | |
| laterispina | | 180 | | |
| melleri | | 90 bis über 150 | | |
| montium | | (42-) 50-70 | | ja |
| pfefferi | | 60 | | |
| quadricornis | | 100-135 | | |
| rudis | | 120-150 | | |
| schubotzi | | | | ja |
| werneri | | 180 | | |
| wiedersheimi | | 40-90 | | ja |

**117**

| Art | Häufigkeit/ Jahr | Dauer in Tagen | Unterbrechung der Eientwicklung | Amphigonia retardata |
|---|---|---|---|---|
| *Furcifer* | | | | |
| *antimena* | | 35-42 | | |
| *campani* | | 40 | | |
| *cephalolepis* | | 33-45 | | |
| *labordi* | | 42 | | |
| *lateralis* | bis 5 x | (21-) 30-50 (-52) | ja (40-200 Tage bei 10-15 °C) | ja |
| *minor* | | 42 | | |
| *oustaleti* | | (28-) 40 (-42) | | ja (?) |
| *pardalis* | bis 6 x | (27-) 30-45, ohne Kopula 69 nach Eiablage | | ja (nicht alle Herkünfte ?) |
| *petteri* | | 30-50 | | |
| *polleni* | | 28-35 | | |
| *rhinoceratus* | | 40 | | |
| | | | | |
| *Rhampholeon* | | | | |
| *kerstenii* | | 50 | | |
| *spectrum* | | 40-60 | | |

## 8.8. Eiablage

| Art | Eier (Anzahl) | Größe (mm) | Masse (g) | Ablageort | Gelegeanzahl im Jahr |
|---|---|---|---|---|---|
| **Bradypodion** | | | | | |
| fischeri | 8-23 | 7-12 x 7-9 | | Erdhöhle (15-20) | |
| tavetanum | 6-15 | | | Erdhöhle (gering) | |
| tenue | 4 | 12 x 7 | | | |
| thamnobates | | | | | 1 |
| uthmoelleri | 7 | 15 x 8 | | | |
| | | | | | |
| **Brookesia** | | | | | |
| ebenaui | 2-5 | 17 x 8 | | | |
| minima | 2-5 | 4 x 2,5 (2,5 x 1,5) unbefr. | | | |
| stumpffi | 2-5 | 14 x 10 | | unter Moos | 4 |
| superciliaris | 2-5 | | | unter Rinde | |
| thieli | 2-4 | 5 x ? | | | 5 (?) |
| | | | | | |
| **Calumma** | | | | | |
| boettgeri | 2-4 | | | Erdhöhle | |
| b. brevicornis | 10-30 (-42) | 10 x ? | | Erdhöhle (20-30) | |
| b. hilleniuisi | 6-8 | 11 x 7 | | Erdhöhle | |
| globifer | 25-30 | | | | |
| nasuta | 2-5 | | | unter Rinde, unter Moos | |
| parsonii | (16-) 20-38 | 22 x 10 | unter 2 | | |
| tigris | 2-4 | 13-16 x 6-9 | | Erdmulde 2-3 | |
| | | | | | |
| **Chamaeleo (Chamaeleo)** | | | | | |
| africanus | (20-) 50-70 (-90) | 18 x 13 | | Erdhöhle | |
| calyptratus | (18-) 30-40 (-90) | 11-17 x 9-11 | | Erdhöhle (20-30) | 3-4 |

| Art | Eier (Anzahl) | Größe (mm) | Masse (g) | Ablageort | Gelegean-zahl im Jahr |
|---|---|---|---|---|---|
| *chamaeleon* | 20-30 (-66) | 10-23 x 8-12 | 0,85-1,5 | Erdhöhle (15-30) | 1 |
| *dilepis* | (19-) 50-60 | 19 x 14, in Südafrika 12-16 x 7-8 | | Erdhöhle | bis 3 |
| *gracilis* | 20-45 | 14-16 x 8-10 | | Erdhöhle | |
| *laevigatus* | 50 | | | | |
| *namaquensis* | 6 22 | 16-20 x 10-13 | | Erdhöhle | 2-3 |
| *quilensis* | 19-58 | | | | |
| *r. sternfeldi* | -12 | | | | |
| *senegalensis* | 17-60 | 7 x ? | | Erdhöhle | |
| *zeylanicus* | 31 | 13 x 7 | | | |
| | | | | | |
| **Chamaeleo (Trioceros)** | | | | | |
| *cristatus* | (8-) 12-21 (-37) | 19-29 x 9-10 | | Erdhöhle | |
| *deremensis* | 35 | 20 x 15 | | | |
| *johnstoni* | (8-) 12-18 (-21) | 20-22 x 10-15 | | Erdhöhle, Erdmulde | |
| *melleri* | 30-40 (-70) | 20 x 14 | | Erdhöhle | 1 |
| *montium* | (5-) 6-15(-17) | | | Erdhöhle | |
| *pfefferi* | 7-12 | | | | |
| *quadricornis* | 8-13 (-18) | | | | 2 |
| *wiedersheimi* | 7-9 | 8 x 5 | | | |
| | | | | | |
| **Furcifer** | | | | | |
| *antimena* | 8-20 | | | | |
| *bifidus* | 21-24 | | | | |
| *campani* | 6-16 | 10,5 x 7,5 | | | |
| *cephalolepis* | 4-7 | 12 x 8 | | | |
| *labordi* | 8-18 | | | | |
| *lateralis* | (4-) 10-20 (-23) | 13 x 6 | 0,3 | Erdhöhle | bis 5 |
| *oustaleti* | 42-61 | 15 x 10 | | | |

| Art | Eier (Anzahl) | Größe (mm) | Masse (g) | Ablageort | Gelegean-zahl im Jahr |
|---|---|---|---|---|---|
| *pardalis* | (10-) 20-40 (-46) | 14-16,5 x 8-9,5 auch 26-28 x 14-15 | 0,6-0,7 | Erdhöhle (15-30) | bis 6 |
| *petteri* | (8-) 11-20 | | | | |
| *polleni* | 6-12 | 12 x 6 | 0,3 | Erdhöhle | bis 5 |
| *verrucosus* | 30-50 | | | | 1 (2 ?) |
| | | | | | |
| ***Rhampholeon*** | | | | | |
| *boulengeri* | 1-2 | 13 x ? | | | |
| *brevicaudatus* | 2-6 | 12 x 6 | | | bis 6 |
| *kerstenii* | 5-9 | 10 x 5 | | | |
| *marshalli* | 10-18 | 11-13 x 7-8 | | | |
| *spectrum* | 1-2 (-5) | | | Erdhöhle | |
| *ulugurensis* | | 10 x 6 | 0,24 | | |

8.9. Legenot bei Reptilien. Möglicher Verlauf, schematisiert (nach SASSENBURG 1983, verändert)

| Eientwicklung | Zeitachse | Verlauf der Legenot | Verhalten des Weibchens | therapeutische Maßnahmen |
|---|---|---|---|---|
| Physiologischer Eiablagetermin | | eventuell Verwerfen | Unruhe, Probegrabungen, Einsetzen der Wehen, eventuell wahllose Eiablage | |
| unphysiologische Entwicklung des embryonierten Eies im Mutterleib (Wasseraufnahme) | | akute Legenot | | Kalziumglukonat, Oxytocin<br><br>operative Öffnung des Eileiters, Entnahme der noch entwicklungsfähigen Eier |
| Absterben der Embryonen<br><br>Resorption<br><br>Mumifikation | | chronische Legenot | verkriechen an kühlen Stellen, keine Wehen mehr | operative Öffnung des Eileiters, Entnahme der abgestorbenen Eier<br><br>oder operative Entfernung des Eileiters |
| | | Infektion, Eileiterentzündung, Intoxikation über den Eileiter | Apathie | operative Entfernung des Eileiters |
| Nekrose<br><br>Mazeration | | | | |
| | | chronische Eileiterentzündung, auf die Dauer Exitus | Agonie | |

## 8.10. Inkubation der Eier

| Art | Inkubationstemperatur in °C | | Dauer in Tagen |
| --- | --- | --- | --- |
| | konstant | wechselnd:<br>t=tagsüber<br>n=nachts | |
| **Bradypodion** | | | |
| *f. fischeri* | 20-30 | | 180 |
| | | 42 Tage t: 22  n: 17<br>danach t+n: 25 | 307-315 |
| *f. multituberculatum* | 20-23 | | 150-180 |
| *tavetanum* | | t: 20-23 n: 17-18<br><br>oder t: 23 n: 16 | 136-138<br>auch 193-231<br>270 |
| *tenue* | | t: 24 n: 15 | 190-247 |
| *uthmoelleri* | 20-28 | | |
| | | | |
| **Brookesia** | | | |
| *ebenaui* | 23-24 | | 65 |
| *minima* | 18-22 | t : 23-26 n: 18-20 | 29-68 |
| *stumpffi* | 23 | t: 22 n: 18 | 67-68<br>46-68 |
| *superciliaris* | 18-22 | t: 27 n: 18-20 | 60<br>60-68 |
| *thieli* | 20 | t: 22 n: 15 oder<br>t: 25 n: 18 | 35-45<br>103-118<br>51- 60 |
| | | | |
| **Calumma** | | | |
| *boettgeri* | 22-24 | | 90-95, (154-158 ?) |
| *b. hilleniuisi* | 20 | | 90 |
| *nasuta* | 20-30<br>23 | t: 23-25 n: 16-18 | 60<br>90-94<br>94-147 |
| *parsonii* | 20-23 | 1-3 Warmphasen<br>(je 2-3 Monate): t: 21-24<br>n: 18-20;<br>wechselnd mit<br>1-2 Kühlphasen (auch<br>je 2-3 Monate): t + n:<br>15-18. Mit Warm begin-<br>nend | 400-520 |

| Art | Inkubationstemperatur in °C | | Dauer in Tagen |
| | konstant | wechselnd:<br>t=tagsüber<br>n=nachts | |
| --- | --- | --- | --- |
| **Chamaeleo**<br>(**Chamaeleo**) | | | |
| africanus | 26-30 | t: 26-30 n: 21-25 | 240-360<br>(Natur: 170-180, in<br>Griechenland -330) |
| calyptratus | 20-30<br>25 (-30)<br>28-30 | t: 26,7-30 n: 22,2-23,9<br>oder t: 26,7-31,1 n: 23,3<br>oder t: 28-30 n: 20 | 213-275<br>120-280<br>150-200<br>144-230<br>150-190<br>166-175 (-230) |
| chamaeleon | 25-27 | Sommer: 22-30<br>Winter : 17 | 167-338 |
| dilepis | 28 | t: 22-30 n: unter 20 | 300-350<br>300<br>Natur:<br>O-Afrika: 90-120<br>S-Afrika: 300<br>W-Afrika: 217-257 |
| gracilis | 27-28 | | 240-300 |
| laevigatus | | t: 28-31 n: 23-26 | 120-160 |
| namaquensis | | | 90-115 (Natur : 350) |
| quilensis | 28 | | 350 |
| senegalensis | 28 | t: 25-28 n: 20 | 275<br>100-115 (-210) |
| | | | |
| **Chamaeleo**<br>(**Trioceros**) | | | |
| cristatus | (19-) 20 (-24) | | (150-) 210-260 |
| deremensis | | t: 22 n: 15 | 110 |
| johnstoni | 20-21<br>22-23<br>14 | t: 17-19 n: 15 oder<br>t: 24 n: 18 | 110-125<br>100-120<br>90-100<br>126<br>90-100 |
| melleri | 20-23<br>23-24<br>25-28 | | 90-150<br>120<br>80-90 |

| Art | Inkubationstemperatur in °C | | Dauer in Tagen |
|---|---|---|---|
| | konstant | wechselnd:<br>t=tagsüber<br>n=nachts | |
| *montium* | 20-23 | t: 18-22 n: 16-20 oder<br>t: 25-28 n: 16 | 103-115<br>147-172<br>91-117 |
| *oweni* | 23 | | 210 |
| *pfefferi* | 20-22 | | 152 |
| *quadricornis* | 17-25<br>18-21<br>17-23 | Sommer: 19-25<br>Winter: 17-23 | 145-148<br>152<br>160-165<br>131-135 |
| *w. petteri* | 18-20 | t: 21-23 n: 16-18 oder<br>t: 19-24 n: 14-18 | 140-160<br>150-160<br>144-147 |
| | | | |
| ***Furcifer*** | | | |
| *antimena* | 20-23<br>27-28 | t: 21-23 n: geringer | bis 360<br>300<br>335 |
| *campani* | | 45 Tage: 25<br>14 Tage: 10-15<br>danach: 27-28<br>oder<br>? Tage: 12-14<br>49 Tage: ca. 25<br>49 Tage: 14-18<br>danach: ca 25 | 228-236<br><br>140-160 (-170) auch<br>259-265 |
| *cephalolepis* | 26-28 | | 244-310 |
| *labordi* | 28 | | 215-305 |
| *lateralis* | 21-23 | 45 Tage: 24-25<br>40 Tage: 10-15<br>danach: 24-28 | 150-275<br><br>(154) 206-216 (bis 378) |
| *minor* | 20-23 | | 275 |
| *oustaleti* | 27-28 | 60 Tage: 25<br>60 Tage: 12-15<br>95 Tage: 20-27 | 210-280<br><br>bis 510 |
| *pardalis* | 20-23<br>25-26<br>26-28<br>28 | | 245-275<br>200-225<br>139-319<br>(159) 200-284 (bis 365) |

| Art | Inkubationstemperatur in °C | | Dauer in Tagen |
| | konstant | wechselnd:<br>t=tagsüber<br>n=nachts | |
| --- | --- | --- | --- |
| *petteri* | 25-26 | | 240 |
| | | 190 Tage t: 24 n: 18<br>44 Tage t: 18 n: 16<br>179 Tage t: 24 n: 18 | 245-413 |
| *polleni* | 28-31 | | 260-270 |
| *rhinoceratus* | 25 | | ca. 200 |
| *tuzetae* | 27-30 | | ca. 365 |
| *verrucosus* | 20-23<br>26-28 | | 275<br>200 |
| | | | |
| ***Rhampholeon*** | | | |
| *kerstenii* | 28 | | 50-55 |
| *marshalli* | | | Natur: 50-55 |
| *spectrum* | 20-23 | | 190 |

Die Zusammenstellung der in der Terraristik praktizierten Inkubationstemperaturen macht im besonderem Maße deutlich, wie groß die biologische Variabilität der einzelnen Arten ist.

Hier zeigt sich eine Adaptationsfähigkeit, die aus der Wechselwirkung zwischen Organismus und Umwelt resultiert und die für die Erhaltung der Art wichtig ist. Das wird in besonderem Maße deutlich bei Arten mit einem großen Verbreitungsgebiet wie z.B. *Chamaeleo dilepis.*

Für die Praxis der Vermehrung von Chamäleons im Terrarium bedeutet das,

• sich einerseits möglichst genau über die Temperaturbedingungen der jeweiligen Eiablagestellen in der Natur zu informieren und

• andererseits beim Experimentieren mit Temperaturen die Gelege aufzuteilen – sofern man über eine genügend große Anzahl von Eiern verfügt – und

• möglichst geringe Temperaturdifferenzen zu wählen. Keinesfalls darf mit zu hohen Werten gearbeitet werden, wie im Text bereits begründet wurde.

8.11. Mittlere Temperaturdifferenzen und –schwankungen in °C zwischen Luft und unterschiedlichen Bodentiefen (nach MÜLLER 1999)

| | Luft | Bodenoberfläche | Tiefe 5 cm | 10 cm | 20 cm | 40cm |
|---|---|---|---|---|---|---|
| **Sand- und Steinwüsten der Sahara** | | | | | | |
| mittl. gemessene Temperatur | 19,3 | 23,7 | 20,6 | 19,8 | 20,1 | 22,6 |
| Temperaturschwankung um | 17,0 | 31,7 | 20,2 | 11.9 | **2,5** | **1,9** |
| | | | | | | |
| **Gebirgsregionen und Übergangsgebiete** | | | | | | |
| mittl. gemessene Temperatur | 18,1 | 24,4 | 20,9 | 23,5 | 25,2 | 26,3 |
| Temperaturschwankung um | 10,7 | 20,1 | 12,1 | 9,9 | **2,8** | **0,9** |

8.12. Größe und Gewichte der Jungtiere unmittelbar nach dem Schlupf

| Art | Größe (GL) (mm) | Masse (g) |
|---|---|---|
| **Bradypodion** | | |
| fischeri | 51-63 | |
| tavetanum | 45 | |
| tenue | 53-54 | |
| uthmoelleri | 50-54 | |
| | | |
| **Brookesia** | | |
| ebenaui | 22 | |
| griveaudi | 15,5 | |
| minima | 13-13,5 | |
| stumpffi | 32-33 | < 0,5 |
| superciliaris | 18-22 | |
| thieli | 11 | |
| | | |
| **Calumma** | | |
| boettgeri | 20 | |
| parsonii | 79-83 | |
| | | |
| **Chamaeleo (Chamaleo)** | | |
| africanus | 60-80 55 (Grie-chenland) | 0,9-1,2 |
| calyptratus | 55-75 | |
| chamaeleon | 47-51 (Europa) 60-75 N: Afrika) | |
| dilepis | 37 | |
| laevigatus | 37-43 | |
| namaquensis | 45 | |
| quilensis | 35-40 | |

| Art | Größe (GL) (mm) | Masse (g) |
|---|---|---|
| **Chamaeleo (Trioceros)** | | |
| cristatus | 55-65 | |
| deremensis | 70-80 | 1 |
| johnstoni | 65-75 | |
| melleri | 82-108 | |
| montium | 55-60 | |
| quadricornis | 75 | |
| w. perreti | 32-34 | |
| | | |
| **Furcifer** | | |
| campani | 22-24 | |
| cephalolepis | 48 | |
| labordi | 40 | |
| lateralis | 22-24 | |
| pardalis | (55-) 65-70 | 0,6 |
| petteri | 20-30 (-40) | |
| | | |
| **Rhampholeon** | | |
| brevicaudatus | 26-30 | |
| kerstenii | 27-32 | |
| marshalli | (30-) 32-35 | 0,17 |

**Gattung *Bradypodion***

B. *dracomontanum*

B. *nemorale*

B. *pumilum*

   B. *p. caffer*

   B. *p. damaranum*

   B. *p. gutturale*

   B. *p. karrooicum*

   B. *p. melanocephalum*

   B. *p. occidentale*

   B. *p. pumilum*

   B. *p. taeniobronchum*

   B. *p. transvaalense*

   B. *p. ventrale*

B. *setaroi*

B. *thamnobates*

**Gattung *Chamaeleo*,**

**Untergattung *Trioceros***

Ch. *affinis*

Ch. *bitaeniatus*

Ch. *ellioti*

Ch. *fuelleborni*

Ch. *hoehnelii*

Ch. *jacksonii*

   Ch. *j. jacksonii*

   Ch. *j. merumontanus*

   Ch. *j. xantholophus*

Ch. *kinetensis*

Ch. *marsabitensis*

Ch. *rudis*

Ch. *schoutedeni*

Ch. *schubotzi*

Ch. *tempeli*

Ch. *werneri*

8.14. *Chamaeleo jacksonii xantholophus* im Terrarium: Generationenfolge über 16 Jahre, Anzahl der Würfe je Weibchen und Anzahl der Jungtiere je Wurf (Zahlen bedeuten Anzahl der Jungtiere gesamt : Anzahl der lebenden ). (Nach MASURAT & MASURAT 1996, ergänzt).

| Generation Nr. | Weibchen Nr. | 1. Wurf | 2. Wurf | 3. Wurf | 4. Wurf | 5. Wurf | Mittelwerte der jeweiligen Generationen |
|---|---|---|---|---|---|---|---|
| P | Wildfang Kenia 1978 | | | | | | |
| $F_1$ | 1 | ? | | | | | ? |
| $F_2$ | 1 | 25 : 19 | 21 : 7 | 25 : 23 | | | 23,6:16,3 |
| $F_3$ | 1 | 14 : 12 | 21 : 18 | 23 : 21 | | | 19,3:17,0 |
| $F_4$ | 1 | 16 : 9 | | | | | 16,0: 9,0 |
| $F_5$ | 1<br>2<br>3 | 11 : 9<br>9 : 9<br>0 | 45 : 42<br>0 | 37 : 31<br>43 : 28 | 44 : 23<br>48 : 32 | 51 : 51 | 36,0:28,1 |
| $F_6$ | 1<br>2 | 35 : 31<br>22 : 9 | 34 : 23 | 36 : 36 | 30 : 11 | | 31,4:22,0 |
| $F_7$ | 1 | 19 : 13 | ? : 16 | 22 : 18 | | | 20,5:15,6 |
| $F_8$ | 1<br>2 | 24 : 17<br>32 : 25 | | | | | 28,0:21,0 |
| $F_9$ | 1<br>2 | 30 : 25<br>30 : 26 | | | | | 30,0:25,5 |
| $F_{10}$ | 1 | 14 : 14 | | | | | 14,0:14,0 |
| Mittelwerte der jeweiligen Würfe | | 20,1:15,6 | 30,3:21,2 | 31,0:26,2 | 40,6:22,0 | 51,0:51,0 | 28,1:21,3 |

**Schlussfolgerungen:**
- 21 gehaltene Weibchen waren bis zu 5 mal trächtig.
- Je Weibchen wurden im Mittel 28,1 Eier abgelegt (maximal 51).
- Je Weibchen nahm die Vermehrungsleistung von Wurf zu Wurf zu.
- Von der 1. bis zur 10. Generation nahm die Vermehrungsleistung nicht ab (also keine Inzuchterscheinungen)
- Die Anzahl der lebensfähigen Jungtiere belief sich im Mittel auf 21,3, der Anteil nahm auch hier von Wurf zu Wurf zu.

*Chamaeleo jacksonii xantholophus*: Geschlechterverhältnis unmittelbar nach der Geburt. Werte von Tab. 8.14, nur teilweise dokumentiert.

| Generation Weibchen Nr.: | lebende Jungtiere: absolut Weibchen Männchen, (relativ Männchen:Weibchen) | | | | | |
|---|---|---|---|---|---|---|
| | Wurf 1 | Wurf 2 | Wurf 3 | Wurf 4 | Wurf 5 | Summe und Mittelwerte |
| $F_5$ / Weibchen 2 Weibchen 3 | 5:4 (1:0,8) - | 21:21 (1:1) - | 18:13 (1:0,7) 10:18 (1:1,8) | 7:16 (1: 2,2) 10:18 (1:1,8) | - 17:34 (1:2) | 51:54 (1:1,1) 44:64 (1:1,5) |
| $F_6$/ Weibchen 1 Weibchen 2 | 14:17 (1:1,2) 5: 4 (1:0,8) | 14:9 (1:0,6) - | 12:24 (1:2,0) - | ? - | - - | 40:50 (1:1,3) 5 : 4 (1:0,8) |
| $F_7$/ Weibchen 1 | 8: 5(1:0,6) | ? | ? | - | - | 8 : 5 (1:0,6) |
| Summe und Mittelwerte | | | | | | 149 : 179 (1 : 1,2) |

8.15. Geburtsdaten von vivioviparen Arten: Jungtiere nach der Geburt

| Art | Anzahl | Größe (GL) | Masse (g) | Geburten Anzahl/Jahr | Anmerkungen |
|---|---|---|---|---|---|
| **Bradypodion** | | | | | |
| dracomontanum | 2-18 (-30) | 30 | | | Geburt alle 2-5 min |
| p. pumilum | 2-12 | 40 | | -4 | Geburt alle 1 sek-8 min, Eihaut wird nach 1 min zerrissen (z.T. schon vor der Ablage |
| p. damaranum | 7-21 (-29) | 40-47 | | -3 | |
| p. gutturale | -14 | | | 1 | |
| p. karrooicum | 4-16 | | | 2 | |
| p. melano-  cephalum | -12 | | | | |
| p. occidentale | -21 | | | 2 | |
| p. taenia-  bronchum | -13 | | | | |
| p. transvaalense | 4-12 | | | | |
| p. ventrale | 10-20 | | | | |
| setaroi | 5-12 | 35-40 | | 4 | |
| thamnobates | 7-29 | 40-42 | | | |
| | | | | | |
| **Chamaeleo (Trioceros)** | | | | | |
| affinis | 12-19 | 34 (-45) | | 1 | |
| bitaeniatus | 3-25 | 39-74 | 0,4-0,5 | 2 | |
| ellioti | 2-18 | 36-49 | 0,4 | 2-3 | |
| fuelleborni | 8-15 | | | | |
| hoehnelii | 4-22 | 45 | | 2 | Ablage dauert 15-60 sek., alle 2-6 min |
| j. jacksonii | 21 Mittelw. | | | 1 (Natur) | |
| j. merumontanum | -20 | | | | |
| j. xantholophus | 26-35 (-51) | 43-65 | 0,5-0,7 | 2 (Terrarium) 1 (Natur) | Geburt alle 3-7 min |
| rudis | 6-12 | | | 1 | |
| werneri | 18-28(?) | | | 1 | |

## 8.16. Aufzucht der Jungtiere

| Art | Aufzuchtbedingungen Gruppe oder einzeln | Aufzuchttemperatur (°C), t=tags, n=nachts | Geschlechtsreife (nach Monaten) |
|---|---|---|---|
| *Bradypodion* | | | |
| *fischeri* | Gruppe | t:-25 n: 15 | |
| *p. pumilum* | Gruppe (2 Monate) | max. 25 | 9 |
| *p. damaranum* | Gruppe (2 Monate) | n: unter 20 | 9 |
| *p. gutturale* | | n: unter 20 | 12 |
| *p. karrooicum* | Gruppe (2 Monate) | n: unter 20 | 9 |
| *p. melanocephalum* | | n: unter 20 | 6 |
| *p. transvaalense* | | n: unter 20 | 12 |
| *p. ventrale* | | n: unter 20 | 9-12 |
| *setaroi* | Gruppe | t: max. 24 n: 16 | 4 |
| *tavetanum* | Gruppe | t: max. 24 n: max 20 | 5-12 |
| *tenue* | Gruppe | | |
| *thamnobates* | Gruppe | t: max 30 n: 18 | |
| | | | |
| *Brookesia* | | | |
| *minima* | einzeln | 22 | 12 |
| *stumpffi* | einzeln | 22 | 9-12 |
| *superciliaris* | | max 24 | 9 |
| *thieli* | | t: 25 n :15 | |
| | | | |
| *Calumma* | | | |
| *boettgeri* | einzeln (?) | t: max 25 n: niedriger | 9 |
| *nasuta* | | | 9 |
| *parsonii* | | t: 23 n: 20 | |
| *tigris* | | | 12 |
| | | | |
| *Chamaeleo (Chamaeleo)* | | | |
| *africanus* | Gruppe | | 15 |
| *calyptratus* | Gruppe | t: max 28 n: 22 | 6 |
| *chamaeleon* | Gruppe (kurzz., 1-2 Monate) | t: max 24 n: 18 | 12 |

**133**

| Art | Aufzuchtbedingungen Gruppe oder einzeln | Aufzuchttemperatur (°C), t=tags, n=nachts | Geschlechtsreife (nach Monaten) |
|---|---|---|---|
| *dilepis* | einzeln | t: max 24 n: 18 | über 12 |
| *namaquensis* | einzeln | | Weib. 5, Männ. 7 |
| *quilensis* | | max 25 | 12 |
| *senegalensis* | | max 25 | |
| | | | |
| **Chamaeleo (Trioceros)** | | | |
| *uffinis* | Gruppe | n: 20 | |
| *bitaeniatus* | Gruppe (kurzzeitig) | n: 18 | 18 |
| *cristatus* | Gruppe (3 Monate) | t: max 23 n: 18 | 18 |
| *deremensis* | Gruppe | t: 20 n: 18 | |
| *ellioti* | | max 21, später 23 | 6-9 |
| *hoehnelii* | Gruppe | t max 21 n: unter 18 | 5-6, auch 12-15 |
| *jacksonii* | Gruppe | t: max 22 n: 15 | 6-9 |
| *johnstoni* | einzeln | t: 22-25 n: 10-16 | 12 |
| *melleri* | Gruppe (6 Monate) | t: max 27 n: 10 | 18 (?) |
| *montium* | Gruppe (3 Monate) | t:-25 n: 15-18 | Weib. 6, Männ. 9 |
| *pfefferi* | | | 6-12 |
| *quadricornis* | | t: 22, lokal max 25 n: Absenk. | 8-12 |
| *werneri* | | 22 | |
| *wiedersheimi* | Gruppe (4 Monate) | t: 21-24 n: Absenkung | 6-12 |
| | | | |
| **Furcifer** | | | |
| *campani* | Gruppe (kurzzeitig) | t: max 24 n: Absenkung | |
| *cephalolepis* | einzeln | t: 26 n: 20 | 12 |
| *lateralis* | einzeln | max 25 | 4-6 |
| *oustaleti* | einzeln | | 12 |
| *pardalis* | Gruppe (ohne Männ.) | 25-30 | 9-10 |
| *petteri* | einzeln | t: max 25 n: 17-19 | 9-12 |
| *polleni* | Gruppe (2 Monate) | | |
| | | | |
| **Rhampholeon** | | | |
| *kerstenii* | Gruppe | t: 25 n: 20 | 12 |
| *marshalli* | | | 24 |

**Anmerkungen:**

- Zur Angabe „**Gruppe**": Jungtiere eines Geleges bzw. Wurfs, also gleichaltrige, können in den ersten Wochen bis u.U. Monaten zusammen gehalten werden, sofern das Terrarium groß genug und gut strukturiert ist.
- Zur Angabe „**Einzelaufzucht**": hier handelt es sich um praktische Erfahrungen, die aber nicht zwingend sein müssen. Überprüfungen sind angebracht.

- Zur Angabe „**Aufzuchttemperatur**": die absoluten Angaben (t: 25, n: 18 °C) sind Erfahrungswerte, die Abweichungen von ± 2 °C zulassen. Die Angaben „max" bzw. „unter" stellen Grenzwerte dar, die Abweichungen bis etwa 5 °C nach unten zulassen. Wichtiger als die absoluten Werte sind die Temperaturdifferenzen zwischen Tag und Nacht, sie sollen 5 °C, können je nach Art bis 10 °C betragen.

8.17. Entwicklung der Jungtiere
*Furcifer pardalis:* Unterschiedliche Massezunahme der männlichen und weiblichen Jungtiere in den ersten 70 Wochen nach dem Schlupf (nach OCHSENBEIN & ZAUGG 1992, verändert).

| | Körpermasse in g | | | | | |
|---|---|---|---|---|---|---|
| Alter (Wochen) | min Weibchen | min Männchen | max. Weibchen | max. Männchen | Mittelw. Weibchen | Mittelw. Männchen |
| 4 | 0,9 | 0,9 | 1,1 | 1,0 | 1,0 | 0,9 |
| 8 | 1,5 | 2,1 | 2,1 | 2,8 | 1,8 | 2,4 |
| 12 | 3,0 | 4,9 | 4,3 | 6,3 | 3,8 | 5,6 |
| 16 | 5,7 | 9,8 | 7,2 | 17,2 | 6,5 | 13,5 |
| 20 | 9,8 | 22,7 | 14,8 | 26,0 | 12,5 | 24,3 |
| 24 | 24,1 | 36,3 | 31,4 | 38,4 | 25,3 | 37,3 |
| 28 | 22,1 | 45,7 | 53,0 | 54,7 | 42,4 | 50,2 |
| 32 | 36,4 | 53,9 | 56,7 | 57,5 | 46,5 | 55,7 |
| 36 | 56,7 | | 57,6 | | 57,1 | 63,3 |
| 40 | 63,7 | | 71,8 | | 67,7 | 70,8 |
| 44 | 46,8 | | 69,1 | | 66,9 | 86,6 |
| 48 | 68,4 | | 84,0 | | 76,2 | 100,8 |
| 52 | 78,7 | | 86,7 | | 82,7 | 99,2 |
| 60 | 86,0 | | 98,3 | | 92,1 | 100,2 |
| 70 | 99,2 | | 100,2 | | 100,8 | 136,1 |

# 9. Glossar

Adaptationsfähigkeit: Fähigkeit eines Organismus, sein Verhalten auf die Bedingungen der Umwelt anzupassen

Adulti: erwachsene, geschlechtsreife Tiere

Amphigonia retardata: nach Kopulation Spermienspeicherung auch für spätere Befruchtungen

Balz: arttypisches Verhalten, das der Paarung vorangeht

Balzritual: Ablauf der Balz

Bastardierung: natürlich erfolgende oder künstlich herbeigeführte Kreuzung unterschiedlicher Elternformen. Ergebnis: der Bastard

Befruchtungsverzögerung: Amphigonia retardata

Dystokie: Störung der oder Unfähigkeit zur normalen Eiablage

Eibildung: Oogenese, Entwicklungsabschnitt des Eies im Ovarium von der Eizelle bis zum Follikelsprung

Eizahn: embryonales Hilfsorgan zum Aufschlitzen der Eischale, Dentingebilde des Zwischenkieferknochens

Embryo: Organismus in den Eihüllen zwischen Befruchtung und Schlupf

Embryonalentwicklung: Entwicklungsabschnitt eines Tieres in den Eihüllen von Befruchtung bis Schlupf

Emissionsspektrum: Bereich des sichtbaren Lichts und der unsichtbaren Strahlung, gemessen in Nanometer (nm)

Fortpflanzung: Erzeugung neuer Individuen (Nachkommen) durch vorhandene Individuen (Eltern)

fungizide Wirkung: pilzhemmend oder -tötend

Geschlechtsreife: Lebensabschnitt, in dem die Geschlechtsorgane funktionsfähig werden, sich die sekundären Geschlechtsmerkmale ausgebildet haben und die Paarungsfähigkeit einsetzt

Gravidität: Trächtigkeit = Zeitabschnitt zwischen Befruchtung und Eiablage bzw. Geburt

Habitat: Lebensraum einer Art

Hemipenis: paarig vorhandenes Kopulationsorgan, in Ruhe in Taschen der Schwanzwurzel liegend, Plural: Hemipenes

Imago: Vollinsekt

Inkubation der Eier: Zeitigung, Ausbrüten der Eier

Inkubator: Brutapparat zur künstlichen Zeitigung von Eiern unter Einhaltung vorgewählter Temperatur- und Feuchtigkeitsbedingungen

intraperitoneal: in den Bauchraum hinein, im Bauchraum

Intromissio: Einführen des Hemipenis in die Kloake

irreversible Schäden: nicht rückgängig zu machende, endgültige Schäden

juvenil: jugendlich, Gegenteil: adult
(=erwachsen)

Keimscheibe: Ergebnis der nach der
Befruchtung einsetzenden
Zellteilung und Differenzierung in
Form einer Embryonalscheibe im
oberen Teil des Eies

Kloake: Endabschnitt des Darmes, in
den auch die Harn- und Genitalwege
münden

Kopulation: Paarung, Übertragung des
Spermas in die weibliche Kloake mit
Hilfe des Hemipenis

Montanarten: Gebirgsarten, die in
Höhenlagen oberhalb etwa 1000 m
NN vorkommen

Myzelbildung: gewebeartiger Bewuchs
der Eioberfläche durch Pilzhyphen

Nomenklatur: die Lehre von der
Namengebung, System wissenschaft-
licher Bezeichnungen eines
Fachgebietes

Ökotyp: Tiergruppe als Teil einer Art,
die besonders charakterisiert ist und
mit besonderen ökologischen
Bedingungen in Beziehung steht

Oogenese: Eibildung

Ovarium: Ovar, Eierstock

Oviparie: Vermehrung durch das Legen
von Eiern

Ovulation: Ausstoßen eines befruchtung-
sfähigen Eies aus dem Eierstock

Oxytocin: wehenförderndes Hormon

Paarbindung: länger andauernde sexuel-
le Partnerschaft von Männchen und
Weibchen

Paarung: Kopulation

Paarungsbereitschaft: durch den
Entwicklungsstand der
Geschlechtsorgane gesteuerte
Bereitschaft zur Kopulation

Paarungsritual: Ablauf der Balz nach
artspezifischen Regeln

per os: Verabreichung von
Medikamenten in das Maul

Pheromone: chemische Signalstoffe zur
Kommunikation, hier zur Anlockung
des anderen Geschlechts und zur
Steuerung des Paarungsverhaltens
(Sexuallockstoff)

poikilotherm: wechselwarm

Quarantäne: zeitweilige Isolation kran-
kheitsverdächtiger Tiere in besonderen Behältern

Receptaculum seminis: Hohlorgan
(Samentasche) am Ende des Eileiters
von Weibchen einiger Arten, das der
Aufnahme von Spermien für spätere
Befruchtungen dient

Reproduktionszyklus: Zeitraum von der
Paarungsbereitschaft über Paarung,
Eiablage, sexueller Ruhepause bis
zur erneuten Paarungsbereitschaft

Samentasche (Receptaculum seminis)

Schwitzen: hier: Austreten von
Flüssigkeit durch die Eischale kurz
vor dem Schlupf

Semantik: sprachwissenschaftliches
Teilgebiet, das sich mit der
Bedeutung sprachlicher Einheiten
befasst

Sexualdimorphismus: morphologische
Unterschiede zwischen den
Geschlechtern einer Art

Sexuallockstoffe: Pheromone

Spermatogenese: Entwicklung der männlichen Geschlechtszellen in den Hoden

subkutan: unter die Haut (spritzen)

sukkulente Pflanzen: Bewohner von Trockengebieten, die Wassergewebe vor allem in Blättern besitzen

taktiler Reiz: Reiz, der durch Berühren (hier: Aufprall auf den Boden) Reaktionen auslöst

Taxonomie: Teilgebiet der Biologie, das sich mit dem Beschreiben, Benennen und Ordnen der Organismen befasst (Systematik)

temperaturabhängige Geschlechtsausbildung: Entwicklungsmechanismus, bei dem das Geschlecht der Embryonen von der Temperaturhöhe während der Inkubation bestimmt wird

Tensiometer: Gerät zur Messung des Feuchtegehalts von Substraten über den Dampfdruck

Terminologie: Gesamtheit der Fachausdrücke eines Fachgebietes

Trächtigkeit: Gravidität

Unterart: taxonomische Kategorie, die die Art weiter untergliedert, mit genetischen Unterschieden, aber kreuzbar mit anderen Unterarten der gleichen Art

Verhaltensmuster: arttypischer Ablauf von Aktivitäten in bestimmten Situationen (z. B. Balz)

Vermiculit: zur künstlichen Inkubation von Reptilieneiern geeignetes Substrat, dass schwammartig große Mengen Wasser aufnehmen und speichern kann

verpilzte Eier: mit Pilzhyphen (Myzel) überzogene Eier

Verwerfen der Eier: Ablage der Eier an nicht arttypischen Eiablagestellen, Fallenlassen der Eier

Vivioviparie: Ablage von Eiern mit schlüpfreifen Embryonen

Vorratsbefruchtung: Amphigonia retardata

Zucht: Vermehrung (Nachzucht) von Arten im Sinne der natürlichen Auslese zwecks Arterhaltung. Ergebnis = Nachzuchten

Züchtung: gezielte Vermehrung von Tieren oder Rassen domestizierter Tiere mit bestimmten individuellen Eigenschaften durch künstliche Selektion. Ergebnis = Züchtungen. Umgangssprachlich wird zwischen Zucht und Züchtung häufig nicht unterschieden.

# 10. Register

# 11. Addendum

Im Zeitraum zwischen Abschluss des Manuskripts und Auslieferung des Buches sind zwei beachtenswerte neue Titel erschienen:

MÜLLER, R., N. LUTZMANN & U. WALBRÖL (2004): *Furcifer pardalis.* Das Pantherchamäleon.- Münster: 127 S.

NEČAS, P. & W. SCHMIDT (2004): Stummelschwanzchamäleons. Miniaturdrachen des Regenwaldes. Die Gattungen *Brookesia* und *Rampholeon*.- Frankfurt am Main: 255 S.

Als 3. Auflage erschien:

NEČAS, P (2004): Chamäleons. Bunte Juwelen der Natur.- Frankfurt am Main: 382 S. Der Inhalt wurde überarbeitet, 11 Arten wurden neu aufgenommen.

Zusätzlich sei verwiesen auf das thematische Heft „Zwergchamäleons" der Zeitschrift REPTILIA (2004) 9, Heft 48.

Es wird empfohlen, die in diesen Veröffentlichungen enthaltenen Angaben zur Vermehrung der aufgeführten Arten als Ergänzung oder Korrektur in die jeweiligen Tabellen zu übernehmen.

2004 • 189 Seiten • 231 Farbfotos,
Festeinband • € 29,90

2005 • 270 Seiten • 157 Farbfotos,
Festeinband • € 39,90

## Inkubation von Reptilieneiern

**Grundlagen • Anleitungen • Erfahrungen**

von Gunthor Köhler

mit Beiträgen von: B. Eidenmüller, M. Knirr,
J. Krüger, W. Sachsse, R. Seipp u. R. Wicker

2004 • 254 Seiten • 180 Farbfotos,
Festeinband • € 39,90

Zum Inhalt: Entwicklung des Embryos im Reptilienei:
Grundlagen der Inkubation: Einfluss der Temperatur,
Einfluss der Feuchtigkeit, Anleitung zum Bau eines
Motorbrüters, Pflege und Kontrolle der Eier, Verderben von
Eiern, Absterben von schlupffreifen Jungtieren, Künstliches
Öffnen von Eiern, Gelege- und Inkubationsdaten von über
1650 Reptilienarten mit Literaturhinweisen ... u.v.m.

## Weitere Titel im Programm:

- **Bartagamen** von G. Köhler / K. Grießhammer /
  N. Schuster, 190 S., 251 Farbf.; € 29,70

- **VHS-Video »Bartagamen im Terrarium«** € 22,80

- **Stachelleguane** von G. Köhler / P. Heimes
  176 S., 241 Farbf.; € 19,80

- **Halsbandleguane** von R. Schumacher
  138 S., 169 Farbf.; € 22,80

- **Dornschwanzagamen** von T. Wilms
  144 S., 138 Farbf.; € 24,60

- **Krötenechsen** von Baur / Montanucci
  160 S., 57 Farbf., € 16,50

- **Der Grüne Leguan** von G. Köhler,
  160 S., 90 Farbf., € 29,70

- **Der Grüne Leguan im Terrarium**
  von G. Köhler, 78 S., 86 Farbf., € 17,80

- **DVD-Film »Der Grüne Leguan«** € 22,80

- **Der Grüne Baumpython** von Weier / Vitt
  112 S., 51 Farbf., € 22,50

- **Tejus** von Köhler / Langerwerf, 78 S., € 18,50

- **Basilisken** von G. Köhler, 96 S., € 20,40

- **Reptilien und Amphibien Mittelamerikas**
  von G. Köhler
  **Band 1: Krokodile, Schildkröten, Echsen**
  160 S., 178 Farbf., € 29,70

  **Band 2: Schlangen** 174 S., 230 Farbf., € 34,80

**HERPET◉N**
**Verlag Elke Köhler**
Rohrstr. 22 • D-63075 Offenbach
Tel. 069-86777266 • Fax: 069-86777571

# Deutsche Gesellschaft für Herpetologie und Terrarienkunde e.V. (DGHT)

Die Deutsche Gesellschaft für Herpetologie und Terrarienkunde ist mit über 8.000 Mitgliedern aus mehr als 30 Nationen die weltweit größte Organisation ihrer Art. Sie verbindet die Fachgebiete der Herpetologie und der Terrarienkunde unter einem Dach.

Die DGHT gliedert sich in zahlreiche **Stadt-, Regional- und Landesgruppen**, die sich regelmäßig zu Vorträgen und zum gegenseitigen Erfahrungs- und Informationsaustausch treffen.

Neben den regionalen Gruppen hat die DGHT eine Reihe von **fachspezifischen Arbeitsgruppen (AGs)**, die sich speziell mit einzelnen Tiergruppen, wie Fröschen, Schwanzlurchen, Schildkröten, Eidechsen, Waranen, Schlangen und Krokodilen sowie übergreifenden Themen wie Feldherpetologie und Amphibien- und Reptilienkrankheiten befassen.

Die DGHT bietet ein vielfältiges Angebot an Publikationen: Die Fachzeitschrift **„SALAMANDRA"** – mit einem ausgezeichneten internationalen Ruf – veröffentlicht ausschließlich Originalbeiträge aus dem Gebiet der Amphibien- und Reptilienkunde. Die Zeitschrift **„elaphe"** bietet neben aktuellen Informationen und Mitteilungen vorwiegend Fachbeiträge mit praktischen Tips zu Haltung und Nachzucht im Terrarium. 4mal im Jahr können Mitglieder im **„AnzeigenJournal"** in kostenlosen Annoncen Tiere suchen, abgeben oder tauschen sowie Literatur oder terraristisches Zubehör zum Verkauf anbieten. Mit etwa 50 Seiten ist das „AnzeigenJournal" die umfassendste und begehrteste Tauschbörse auf dem Gebiet der Terrarienkunde überhaupt. Alle genannten Zeitschriften und weitere Dienstleistungen sind im Jahresbeitrag inbegriffen.

Kostenlose Informationen: **DGHT-Geschäftsstelle, Postfach 14 21, 53351 Rheinbach, Tel. 02225-70 33 33, Fax: 02225-70 33 38, Web: www.dght.de**